Jan Siedentopf

Ist der Einfluss von Gentechnik in unseren Nahrungsmitteln erkennbar?

GRIN Verlag

Bibliografische Information der Deutschen Nationalbibliothek:

Die Deutsche Bibliothek verzeichnet diese Publikation in der Deutschen Nationalbibliografie; detaillierte bibliografische Daten sind im Internet über http://dnb.d-nb.de/ abrufbar.

Impressum:

Druck und Bindung: Books on Demand GmbH, Norderstedt Germany
ISBN: 978-3-668-00588-4

Dieses Buch bei GRIN:

http://www.grin.com/de/e-book/302082/ist-der-einfluss-von-gentechnik-in-unseren-nahrungsmitteln-erkennbar

„Ist der Einfluss von Gentechnik in unseren Nahrungsmitteln erkennbar?“

Jan Siedentopf (Masterstudiengang)

Inhaltsverzeichnis

Abbildungsverzeichnis

Tabellenverzeichnis

Abkürzungsverzeichnis

Bt	-	Bacillus thuringiensis z.B. Bt-Mais
EU	-	Europäische Union
GV	-	Gemeinschaftsverpflegung
GVO	-	Gentechnisch veränderter Organismus
GVO's	-	Gentechnisch veränderte Organismen
gv	-	gentechnisch verändert
RRS	-	Roundup-Ready-Sojabohne

1. Einführung

Seit Jahren wird das Thema Gentechnik heiß diskutiert. Durch den Einzug gentechnisch veränderter Lebensmittel sieht sich der Durchschnittsverbraucher einem unübersichtlichen Dschungel aus Fragen, wagen Angaben und verklärter Propaganda gegenüber.
Was ist Gentechnik oder woran erkenne ich, dass ein Lebensmittel gentechnisch verändert ist, sind nur zwei der häufigsten Fragestellungen. Unklarheiten über Begrifflichkeiten wie Gentechnik und Biotechnologie sind ebenso manifest und bedürfen einer Klarstellung.

Mit dieser Arbeit soll geklärt werden, ob dem Verbraucher der Einsatz an Gentechnik in Lebensmitteln ausreichend kenntlich gemacht wird. Darüber hinaus soll das Dickicht der Zweifel und Missverständnisse gelichtet werden. Es soll dem Leser ermöglicht werden eine strukturierte Übersicht über die Aspekte der Gentechnologie zu erlagen. Zudem sollen rechtliche Regelungen verdeutlich werden. Vor- und Nachteile der Gentechnik im Lebensmittelbereich sollen verglichen werden, um den Themenkomplex objektiv bewerten zu können. Weiterhin wird aufgezeigt, wie Gentechnik im globalen Maßstab Anwendung findet. Letztlich weist ein Ausblick auf künftige Möglichkeiten sowie mögliche Folgen der Gentechnologie hin.

2. Grundlagen

2.1 Biotechnologie

Seit Jahrhunderten macht sich der Mensch Tiere aber auch Mikroorganismen zu Nutze, um damit verschiedenste Produkte herzustellen. Schon die alten Ägypter wussten, wie Bier herzustellen ist. Was Sie damals nicht wussten war, dass sie kleine Helfer nutzten - Hefen.[1] Hefen sind Mikroorganismen mit denen die Fermentation von Zucker möglich ist. So kann beispielsweise Brot mit Hilfe von Hefen gebacken oder Wein hergestellt werden.

[1] Blogger, 2012, Geschichte des Weinbaus, http://weingeschichte.blogspot.de/p/weinbau-in-deutschland.html; gesehen am 13.11.2013

Andere Lebensmittel wie Sauerkraut, Jogurt und Käse werden mit Hilfe von Bakterien hergestellt, welche wie die Hefen ebenfalls zu den Mikroorganismen gehören. Neben diesen Lebensmitteln gibt es eine Vielzahl anderer, die unter Zuhilfenahme von Kleinstlebewesen oder biologischen Substanzen (z.B. Enzyme) erzeugt werden. Die Biotechnologie, im eigentlichen Sinne, ist demnach schon lange ein Begleiter des Menschen.[2] Neben Lebensmitteln sind heute auch Medikamente oder Waschmittel im Rahmen der Biotechnologie herstellbar.

Ausgehend von dieser Betrachtung kann als Definition für die Biotechnologie abgeleitet werden, dass es sich dabei um Prozesse, Teilprozesse oder die Nutzung von Erkenntnissen handelt, bei denen Lebewesen betroffen sind oder zum Einsatz kommen, beziehungsweise an der Produktion von Substanzen beteiligt sind.

Daher setzt sich der Begriff Biotechnologie passenderweise aus der Silbe „Bio", welche für das Leben steht und dem Wort „Technologie" zusammen, hinter dem sich die Bedeutung „Handwerk" oder auch „Wissenschaft" verbirgt. Tatsächlich ist die Biotechnologie eine Wissenschaft die gebietsübergreifend agiert, denn es werden sowohl die Erkenntnisse aus Disziplinen wie Biologie, Biochemie, Physik und Chemie angewendet als auch aus den Bereichen der Verfahrenstechnik, Materialwissenschaften und Informatik. Es gilt demnach das bisherige Wissen mit anderem zu verknüpfen und damit eine neue Ebene des Verstehens zu erreichen. Zudem wird die Biotechnologie in verschiedene Bereiche eingeteilt. So wird von der **Roten Biotechnologie** (Medizin), der **Grünen Biotechnologie** (Landwirtschaft) und der **Weißen Biotechnologie** (Industrie) gesprochen.[3] Weitere Einteilungen der Biotechnologie sind zudem möglich, aber nicht weitreichend genug untermauert.
Geht es um die Produktion von Lebensmitteln sind die Grüne und die Weiße Biotechnologie von Interesse.
Die Biotechnologie ist allgegenwärtig und aus vielen Bereichen nicht mehr wegzudenken. Andernfalls wäre es nicht möglich den weltweiten Anstieg an benötigten Nahrungsmitteln sowie anderen Gütern zu decken. Damit ist die Kombination der Wissenschaften in Form der Biotechnologie der Grundstein für die

---

[2] IDEL, A., 1. Auflage, Echo Verlag, Göttingen, Stichwort "Allgemeines Biotechnologie", 1991,S. 9;
[3] Bundesministerium für Bildung und Forschung, 2013, Biotechnologie, http://www.biotechnologie.de/BIO/Navigation/DE/Hintergrund/basiswissen.html, gesehen am 13.11.2013;

moderne Gesellschaft, da andernfalls Grund- sowie Luxusbedürfnisse unzureichend befriedigt werden könnten.
Sich Klarheit über die Ersichtlichkeit von Biotechnologie in Lebensmitteln zu verschaffen, ist daher nur ratsam.
Ein bedeutender und sich stets weiter entwickelnder Zweig der Biotechnologie ist die Gentechnologie oder kurz Gentechnik. Im Folgenden soll diese Teildisziplin näher definiert und beschrieben werden.

2.2 Gentechnologie

Gentechnologie ist in erster Linie als Teilgebiet der Biotechnologie zu verstehen und nicht mit dieser gleich zu setzen.[4] Trotzdem werden beide Begriffe oft synonym verwandt. Ein kurzer Überblick über die geschichtliche Entwicklung der Gentechnologie soll helfen diese von der Biotechnologie abzugrenzen und als eigenständige Disziplin ansehen zu können.
Als erster beschäftigte sich der Mönch Gregor Mendel (1822-1884) mit der Zucht von Pflanzen. Aus seinen Versuchen verschiedene Merkmale von Pflanzen durch Kreuzung zu erhalten, leitete dieser mathematisch begründete Vererbungsregeln ab. Damit betrieb Mendel noch keine Gentechnologie, legte aber den Grundstein für das gezielte Selektieren bestimmter Merkmale eines Lebewesens. Auf seinen Vererbungsregeln gründeten zukünftige Züchtungen und Gedankengänge.
Das Gen, ist der Ort eines Organismus auf dem sich die Erbinformationen befinden, die letztlich für die Eigenschaften eines Organismus verantwortlich sind. Für jedes Lebewesen existiert ein genetischer Code. Bevor jener Code jedoch entschlüsselt werden konnte, bedurfte es weiterer Erkenntnisse. Erst 1920 wurde vom Forscher Phoebus Levine eine Substanz beschrieben, die offensichtlich Bestandteil von Chromosomen sein sollte. Er hatte die DNA entdeckt, wusste dies aber nicht. Die Fachwelt schenkte dem daher wenig Beachtung.
Erst ab der Mitte des 20. Jahrhunderts mit der Entdeckung des doppelsträngigen Alpha-Helix-Modells der DNA von James Watson und Francis Crick wurde der Desoxyribonukleinsäure (DNS engl. DNA) als Trägersubstanz der Erbinformationen die nötige Aufmerksamkeit zuteil. Was dabei häufig unterschlagen wird, bereits 3 Jahre zuvor hatte Rosalind Franklin Röntgenstrukturanalysen der DNA angefertigt

[4] Ministerium für Klimaschutz, Umwelt, Landwirtschaft, Natur- und Verbraucherschutz des Landes Nordrhein-Westfalen, Bio- und Gentechnologie, https://www.umwelt.nrw.de/umwelt/bio_gentechnik/index.php, gesehen am 20.11.2013;

und maßgeblich zur Aufklärung der Struktur der DNA beigetragen. Die DNA war identifiziert, der DNA-Code jedoch noch nicht entschlüsselt. Es sollte noch einige Dekaden andauern, bis dieses Rätsel gelöst sein würde.

1972 gelang es dem Biochemiker Paul Berg Restriktionsenzyme zu synthetisieren. Hierbei handelt es sich um Gen-Scheren, die Erbinformationen auseinander schneiden können. Es gelang ihm verschiedene "ausgeschnittene" Erbinformationen neu zu kombinieren (rekombinante DNA), um einem Organismus neue Eigenschaften zu verleihen - die Geburtsstunde der Gentechnik.

Da die neuen Möglichkeiten mit Bedacht angewendet werden sollten, wurden bis 1980 Regeln aufgestellt, die den Einsatz der Gentechnologie stark einengten. Im Verlauf der Zeit wurden diese stark gelockert oder gar fallen gelassen.

Seit der Entdeckung der Möglichkeit Erbinformationen und damit Eigenschaften neu zu kombinieren, kann ein Organismus gezielt verändert werden. Somit ist es nicht mehr nötig über den umständlichen und langwierigen Weg der Kreuzung zu gehen.[5] Zusammenfassend ist Gentechnologie ein Teilgebiet der Biotechnologie, in dem chemische, physikalische und biologische Analysemethoden verwendet werden, um Erbinformationen zu selektieren, zu isolieren oder gezielt zu verändern und damit neues Erbgut zu erhalten. Dies schließt die Tatsache ein, dass Erbinformationen innerhalb einer Art oder auf einen artfremden Organismus übertragen werden können. Artfremde Organismen weisen in ihrem natürlichen Vorkommen in der Regel keine Gemeinsamkeiten auf. Die Gentechnik ermöglicht demnach Organismen mit völlig neuen Eigenschaften, wie etwa der Resistenz gegen Schadinsekten bei Pflanzen, auszustatten. Die Gentechnologie lässt sich, ähnlich wie die Biotechnologie ebenfalls in verschiedene Bereiche einteilen. In der **Roten Gentechnologie** wird Bezug auf die Human- und Tiermedizin genommen. Genetisch veränderte Organismen [GVO] werden genutzt für die Entwicklung und Erzeugung von Medikamenten. Die Diagnostik und Behandlung von Krankheiten wird so maßgeblich unterstützt.

Wird von der **Grünen Gentechnologie** gesprochen, so handelt es sich um den Bereich der Landwirtschaft. Es geht in diesem Bereich vornehmlich um die Ausbildung von Resistenzen gegen Schädlinge, Krankheiten oder Herbizide (primär bei Pflanzen). Zudem können mit Hilfe der Gentechnik wirtschaftliche Aspekte wie

---

[5] BRIGITTE ZARZER, 1. Auflage, Heise Zeitschriften Verlag GmbH & Co. KG, Hannover, 2006, Stichwort "1.2 Geschichte und Basics", S. 5 ff. ;

Ertrag, Wachstum, Standorteigenschaften, Fettsäurezusammensetzung etc. positiv gestaltet werden.
Unter der Formulierung **Weiße Gentechnik** ist die industrielle Anwendung der Gentechnik zu verstehen. Dies umfasst im Allgemeinen die Herstellung von Enzymen, Kunststoffen, Waschmitteln und Biokatalysatoren.
Ein mit der Weißen Gentechnik zusammenhängender Bereich ist die **Graue Gentechnik**, deren Ziel es ist Umwelteinflüsse zu verbessern. Hier kommen besondere Mikroorganismen zur Reinigung von Abwässern und Böden zum Einsatz.
Da auch biotechnologische Verfahren in der genannten Umwelttechnik Anwendung finden, erweckt dies häufig den Eindruck als wären Biotechnologie und Gentechnologie identisch. Beide Bereiche sind jedoch voneinander abzugrenzen.[6]

Gentechnologie bietet erstaunliche Möglichkeiten. Mit deren Anwendung sollte jedoch stets sorgsam umgegangen werden, da neben Nutzen auch Risiken vorhanden sind. Besonders besonnen sollte Gentechnik im Bereich der Lebensmittel eingesetzt werden, da der Mensch durch die Aufnahme gentechnisch veränderter Lebensmittel am ehesten von Wechselwirkungen betroffen sein kann. Im Folgenden soll dazu kurz der Begriff des gentechnisch veränderten Lebensmittels definiert werden.

2.3 Gentechnisch verändertes Lebensmittel

Besteht, enthält oder ist ein Lebensmittel aus gentechnisch veränderten Pflanzen, Tieren oder Mikroorganismen hergestellt, so handelt es sich um ein gentechnisch verändertes Lebensmittel. Von dieser Bezeichnung sind, rechtlich gesehen, in der EU Lebensmittel ausgenommen, die mit Hilfe transgener Mikroorganismen hergestellt wurden, sowie Tiere die mit genetisch veränderten Futtermitteln gefüttert wurden.[7]
Die folgenden Beispiele dienen dazu einen Eindruck zu bekommen, welche Lebensmittel gentechnisch verändert sein können. Dazu zählen Tomaten, die durch

---

[6] Ministerium für Klimaschutz, Umwelt, Landwirtschaft, Natur- und Verbraucherschutz des Landes Nordrhein-Westfalen, Bio- und Gentechnologie, https://www.umwelt.nrw.de/umwelt/bio_gentechnik/index.php, gesehen am 20.11.2013;
[7] Genetisch verändertes Lebensmittel; http://de.wikipedia.org/wiki/Gentechnisch_ver%C3%A4ndertes_Lebensmittel, gesehen am 23.03.2014

die gentechnische Veränderung über einen längeren Zeitraum frisch und knackig bleiben, modifizierter Mais, den bestimmte Pflanzenschutzmittel nicht beeinträchtigen oder bestimmte Pflanzenarten, deren Erbgut dahingehend verändert wurde, indem neue genetische Eigenschaften hinzugefügt wurden.[8]

3. Rechtlicher Rahmen zur Kennzeichnung gentechnisch veränderter Lebensmittel

3.1 europäisches Recht

Gentechnisch veränderte Lebensmittel galten rechtlich gesehen lange als „neuartige Lebensmittel", die nach der seit 1997 gültigen, Novel Food-Verordnung zugelassen und gekennzeichnet wurden. Seit April 2004 gibt es eine in allen europäischen Ländern geltende Verordnung (EG) Nr. 1829/2003 über genetisch veränderte Lebensmittel und Futtermittel. Neben der Zulassung regelt diese Verordnung auch die Kennzeichnung von gentechnisch veränderten Lebens- und Futtermitteln.[9]

Daneben existiert die Verordnung (EG) Nr. 1830/2003 über die Rückverfolgbarkeit und Kennzeichnung. Beide Verordnungen „(...) regeln (...) die Frage, wann Lebensmittel und Lebensmittelzutaten einen verpflichtenden Hinweis auf gentechnisch veränderte Bestandteile enthalten müssen."[10] Die Verordnung (EG) 1829/2003 gilt für Lebensmittel, Zutaten, Zusatzstoffe und Aromen[11]. Die Vorgaben für die Kennzeichnung wird auf Lebensmittel angewendet, die an den Endverbraucher oder an die Gemeinschaftsverpflegung innerhalb der Europäischen Union abgegeben werden.[12]

---

[8] Was ist ein gentechnisch verändertes Lebensmittel?, 2002; http://www.bionetonline.org/deutsch/content/ff_cont1.htm; gesehen am 23.03.2014

[9] Transparenz Gentechnik, Gentechnisch veränderte Lebens- und Futtermittel: die europäischen Rechtsvorschriften, 31.05.2012, http://www.transgen.de/recht/gesetze/273.doku.html; gesehen am 25.06.2013

[10] Bund für Lebensmittelrecht und Lebensmittelkunde e.V. Gentechnik und Lebensmittel – rechtliche Vorgaben zur Kennzeichnung, http://www.bll.de/download/themen/gentechnik/flyer-gentechnik-und-lebensmittel/(PDF), gesehen am 04.01.2014

[11] Transparenz Gentechnik, Gentechnisch veränderte Lebens- und Futtermittel: die europäischen Rechtsvorschriften, 31.05.2012, http://www.transgen.de/recht/gesetze/273.doku.html; gesehen am 25.06.2013

[12] Bund für Lebensmittelrecht und Lebensmittelkunde e.V. Gentechnik und Lebensmittel – rechtliche Vorgaben zur Kennzeichnung, http://www.bll.de/download/themen/gentechnik/flyer-gentechnik-und-lebensmittel/(PDF), gesehen am 04.01.2014

Kennzeichnungspflichtig sind Lebensmittel, die gentechnisch veränderte Organismen enthalten oder aus solchen bestehen.[13] Darüber hinaus müssen Lebensmittel gekennzeichnet werden, „(...) die entweder selbst oder deren Zutaten aus gentechnisch veränderten Organismen hergestellt worden sind, unabhängig davon ob die gentechnische Veränderung im Produkt noch analytisch nachweisbar ist oder nicht."[14] Für die Deklaration dieser Lebensmittel sind nur zwei Kennzeichnungshinweise, nämlich „genetisch verändert" oder „aus genetisch verändertem...hergestellt" möglich. Diese Formulierungen erscheinen bei vorgefertigten Lebensmitteln als Ergänzung in der Zutatenliste, bei Lebensmitteln ohne Zutatenliste deutlich sichtbar auf dem Etikett. Handelt es sich um lose oder unverpackte Ware, erfolgt die Kennzeichnung in Form eines Schildes direkt an der Auslage. Ähnliches gilt für Restaurants, Imbissbuden und in der GV.[15]

Von der Kennzeichnung ausgeschlossen sind Lebensmittel von Tieren, die gentechnisch veränderte Futtermittel erhalten haben sowie Zusatzstoffe, Aromen und Vitamine, die mit Hilfe gentechnisch veränderter Mikroorganismen hergestellt werden. Desweiteren besteht keine Kennzeichnungspflicht von GVO-Anwendungen bei Stoffen, die nicht auf der Zutatenliste deklariert werden müssen, wie Enzyme, technische Hilfsstoffe, Trägerstoffe und Nährmedien. Darüber hinaus existiert der sogenannte Kennzeichnungsschwellenwert. Hiernach entfällt die geltende Kennzeichnungspflicht bei geringen in der EU zugelassenen GVO-Beimengungen bis zu einem Schwellenwert von 0,9% bezogen auf die jeweilige Zutat. Diese Regelung gilt, wenn der betreffende Hersteller eindeutig nachweisen kann, dass es sich um zufällige oder technisch unvermeidbare Spuren transgenen Materials handelt.[16]

Als zusammenfassende Übersicht über die Kennzeichnungspflicht von gentechnisch veränderten Produkten soll die folgende Tabelle 1 dienen.

---

[13] transGEN Kompakt 2: Gentechnisch veränderte Lebensmittel: Kennzeichnung, März 2014; http://www.transgen.de/pdf/kompakt/kennzeichnung.pdf, S. 1; gesehen am 27.03.2014

[14] Bund für Lebensmittelrecht und Lebensmittelkunde e.V. Gentechnik und Lebensmittel – rechtliche Vorgaben zur Kennzeichnung, http://www.bll.de/download/themen/gentechnik/flyer-gentechnik-und-lebensmittel/(PDF), gesehen am 04.01.2014

[15] transGEN Kompakt 2: Gentechnisch veränderte Lebensmittel: Kennzeichnung, März 2014; http://www.transgen.de/pdf/kompakt/kennzeichnung.pdf, S. 3; gesehen am 27.03.2014

[16] Transparenz Gentechnik, Keine Kennzeichnung-die Ausnahmen, 27.05.2013, http://www.transgen.de/recht/kennzeichnung/285.doku.html, gesehen am 12.02.2014

Tabelle 1: Kennzeichnung von gentechnisch veränderten Lebensmitteln in der EU [17]

Produkt	Beispiel	Kennzeichnungspflicht
Gentechnisch verändertes Obst und Gemüse*	Mais, Sojasprossen, Tomaten, Kartoffeln	ja
Verarbeitungserzeugnisse aus gentechnisch veränderten Pflanzen	Maismehl, Raps- und Sojaöle, Glukosesirup aus Maisstärke Kartoffeln	ja
Lebensmittel, die gentechnisch veränderte Organismen enthalten*	Jogurt mit veränderten Milchsäurebakterien, Bier mit veränderter Hefe	ja
Lebensmitteln von Tieren (z.B. Hühner, Kühe), die mit gentechnisch veränderten Futtermitteln gefüttert werden	Fleisch, Eier oder Milch dieser Tiere	nein
Lebensmittel, die mit Hilfe von gentechnisch produzierten Enzymen hergestellt werden	Käse, der mit gentechnisch produzierten Chymosin hergestellt wird	nein
Zusatzstoffe oder Aromen, die aus genetisch veränderten Pflanzen gewonnen werden	In Schokolade enthaltenes Lecithin aus veränderten Sojabohnen	ja
Zusatzstoffe oder Aromen, die mit Hilfe von genetisch veränderten Mikroorganismen hergestellt werden	Glutamat als Geschmacksverstärker; Ascorbinsäure als Antioxidationsmittel oder Farbstabilisator	nein
Lebensmittel mit geringfügigem technisch unvermeidbaren Verunreinigungen bis zu einem Schwellenwert von 0,9%	Tacos mit zufälligen Beimischungen von Gentech-Maismehl; Honig, der Pollen aus gentechnisch veränderten Pflanzen enthält	nein

[17] AID infodienst Gentechnik im Einkaufskorb, 5., überarbeitete Auflage, S. 11

3.2 nationales Recht

Im nationalen Recht Deutschlands werden die europäischen Kennzeichnungsvorschriften durch die im EG-Gentechnik-Durchführungsgesetz verankerte „ohne Gentechnik" – Kennzeichnung ergänzt. Der Hinweis „ohne Gentechnik" ist freiwillig und dient zur Auslobung der Nichtanwendung gentechnischer Verfahren bei der Herstellung von Lebensmitteln. Zudem ist die Bezeichnung „Ohne Gentechnik" für diese Lebensmittel die einzig zulässige.[18]

Um das Label „Ohne Gentechnik" nutzen zu können, müssen die gesetzlichen Anforderungen nachweislich eingehalten werden. Diese besagen, dass im Produkt keine Spuren von GVOs nachgewiesen werden dürfen, denn die nach Verordnung (EG) 1829/2003 geltende Schwellenwertregelung wird aufgehoben.[19] Das bedeutet im Genaueren, dass das Lebensmittel sowie die verwendeten Lebensmittelzutaten keine GVOs sind und auch nicht aus GVOs hergestellt wurden. Desweiteren dürfen für Lebensmittel keine durch GVOs erzeugten Zutaten, Lebensmittelzusatzstoffe oder Verarbeitungshilfsstoffe, Aromen, Vitamine, Aminosäuren oder Enzyme, die mit Hilfe gentechnisch veränderter Mikroorganismen hergestellt wurden, verwendet werden.[20]

Ist jedoch ein durch GVO hergestellter Verarbeitungshilfsstoff nach der EG-Öko-Verordnung zugelassen und bestehen keine konventionellen Alternativen, darf dieser bei der Herstellung von Lebensmitteln zum Einsatz kommen, ohne dass ein Verbot der Auslobung „ohne Gentechnik" daraus resultiert. Jedoch existieren derlei Zulassungen bislang nicht. [21]

Hinsichtlich des verwendeten Tierfutters im Bereich tierische Lebensmitteln ist der Hinweis „ohne Gentechnik" bereits nutzbar, „(...) wenn bei tierischen Produkten

---

[18] Verband Lebensmittel ohne Gentechnik, Das EG-Gentechnik-Durchführungsgesetz; http://www.ohnegentechnik.org/ohne-gentechnik/rechtliche-grundlagen.html; gesehen am 24.04.2014

[19] Bund für Lebensmittelrecht und Lebensmittelkunde e.V. Gentechnik und Lebensmittel – rechtliche Vorgaben zur Kennzeichnung, http://www.bll.de/download/themen/gentechnik/flyer-gentechnik-und-lebensmittel/(PDF), gesehen am 04.01.2014;

[20] Bundesministerium für Ernährung und Landwirtschaft, Hintergrundinformationen zur „Ohne-Gentechnik"-Kennzeichnung; http://www.bmel.de/DE/Ernaehrung/Kennzeichnung/Produktsiegel_logos/_Texte/OhneGentechnikKennzeichnungHG_Informationen.html;jsessionid=8C5781FC697839D785949876CCA4EBBA.2_cid288 gesehen am 22.01.2014

[21] Bund für Lebensmittelrecht und Lebensmittelkunde e.V. Gentechnik und Lebensmittel – rechtliche Vorgaben zur Kennzeichnung, http://www.bll.de/download/themen/gentechnik/flyer-gentechnik-und-lebensmittel/(PDF), gesehen am 04.01.2014;

innerhalb der im Anhang des EG-Gentechnik-Durchführungsgesetzes gesetzlich definierten Sperrfristen keine gentechnisch veränderten, kennzeichnungspflichtigen Futtermittel (...) verwendet wurden." [22]

3.3 internationale Regelungen zur Kennzeichnung

Die Situation der Kennzeichnung gentechnisch veränderter Lebensmittel in Europa und damit auch in Deutschland wurde beschrieben. Nun sollen ausgewählte Staaten, die großes Potenzial bezüglich der Produktion gentechnisch veränderter Lebensmittel aufweisen, hinsichtlich der Kennzeichnungsregelungen eben dieser Lebensmittel betrachtet werden.

Die **USA** hat bis heute keine einheitliche Regelung zur Kennzeichnung von Gentechnik-Lebensmitteln, obwohl 40% der gentechnisch veränderten Pflanzen auf amerikanischen Äckern wachsen[23] und kaum ein Lebensmittel in den USA frei von Gentechnik ist. Ein Großteil der Amerikaner würde eine Kennzeichnung befürworten. Dazu wurden bislang in 26 Bundesstaaten Gesetzesvorschläge zur Kennzeichnung von gentechnisch veränderten Lebensmitteln eingebracht. Jedoch kam es bisher nicht zur Umsetzung dieser, da sich Konzerne wie Monsanto und Lebensmittelproduzenten erfolgreich gegen eine Kennzeichnungspflicht wehren. [24]

Die Ausnahme ist der US-Bundesstaat Vermont, der eine verbindliche Kennzeichnung für Lebensmittel aus gentechnisch veränderten Organismen einführt. [25]

Was den Nachbarn der USA, also **Kanada** angeht, so gibt es auch hier keine verpflichtenden Regelungen zur Kennzeichnung gentechnisch veränderter Lebensmittel. Überhaupt herrschen in Kanada, was rechtliche Regelungen biotechnologische Anwendungen betreffend angeht, weitestgehend liberale Bedingungen.[26]

---

[22] Bund für Lebensmittelrecht und Lebensmittelkunde e.V. Gentechnik und Lebensmittel – rechtliche Vorgaben zur Kennzeichnung, http://www.bll.de/download/themen/gentechnik/flyer-gentechnik-und-lebensmittel/(PDF), gesehen am 04.01.2014;

[23] Informationsdienst Gentechnik, Gentechnik Statistiken; http://www.keine-gentechnik.de/dossiers/anbaustatistiken.html#c22837; gesehen am 27.04.2014

[24] Zeit online, Gentechnik in den USA, Die Gen Nation 17.02.2014; http://www.zeit.de/wirtschaft/2014-02/gentechnik-usa-kennzeichnung-lebensmittel; gesehen am 25.04.2014

[25] transGen, Vermont führt als erster US-Bundesstaat Gentechnik-Kennzeichnung ein – Umsetzung fraglich, 12.05.2014; www.transgen.de/aktuell/1782.doku.html; gesehen am 14.05.2014

[26] Biotechnologie in Kanada, Rechtliche Grundlagen, 2014; http://www.biotechnologie.de/BIO/Navigation/DE/Hintergrund/laender-im-fokus,did=65908.html?listBlId=74632&sortSelect=AscendingTitle&searchActionPage2=searchActionPage2; gesehen am 28.04.2014

China gehört zu den größten Importeuren von gentechnisch veränderten Lebensmitteln. Dazu gehören insbesondere Soja, Mais und Zuckerrüben. Allerdings existiert in China im Vergleich zu den USA eine Kennzeichnungspflicht für gentechnisch veränderte Lebensmittel. Diese Regelung gilt für tierische Produkte wie Fleisch, Milch und Eier, die von Tieren stammen, welche gv-Pflanzen gefressen haben, ebenso wie für landwirtschaftliche Erzeugnisse, die mit gentechnisch hergestellten Hilfsstoffen produziert wurden. Ein Unterschied zu den europäischen Regelungen besteht darin, dass es in China keine Grenz- oder Toleranzwerte gibt. Zudem müssen alle importierten GVOs laut den 2001 verabschiedeten Richtlinien vor der Verarbeitung getestet werden.[27]

In **Indien,** wo bisher keine gentechnisch veränderten Lebensmittel herstellt, jedoch viele derartige Waren importiert werden, ist seit dem 1. Januar 2013 die Kennzeichnung gentechnisch veränderter Lebensmittel verpflichtend.[28]

4. Gentechnik in Nahrungsmitteln

4.1 Situation weltweit

Während Europa gegenwärtig Barrieren gegenüber dem Einsatz von Gentechnik aufrecht erhält, findet diese hingegen weltweit Anwendung.

Ein Vorreiter für den Anbau von gentechnisch veränderten Pflanzen beziehungsweise Bt-Pflanzen ist die **USA**. Seit 1996 wird dort die Roundup-Ready-Sojabohne [RRS] angebaut. Roundup ist ein Totalherbizid und diese RRS wurde dahingehend gentechnisch verändert, dass diese den Roundupeinsatz unbeschadet übersteht. Seit der Einführung dieser Bt-Sojabohnensorte findet vermehrt der Anbau von gentechnisch veränderten Pflanzen in den USA statt. 2011 lag der Anteil gentechnisch veränderter Nutzpflanzen bei etwa 69 %, Tendenz steigend. Auf Kennzeichnung von GVO in Lebensmitteln wird in den Vereinigten Staaten verzichtet, da „[... man] den Verbraucher nicht mit zusätzlichen Informationen verwirren [will], die nicht relevant sind", so der Koordinator für

---

[27] Biotechnologie in China, Rechtliche Grundlagen, Grüne Gentechnik, 2014; http://www.biotechnologie.de/BIO/Navigation/DE/Hintergrund/laender-im-fokus,did=122568.html; gesehen am 28.04.2014

[28] Gen-ethisches Netzwerk, Kurz notiert – Landwirtschaft und Lebensmittel, Indien: Lebensmittel-Kennzeichnung; http://www.gen-ethisches-netzwerk.de/gid/213/kurz-notiert-landwirtschaft-und-lebensmittel; gesehen am 28.04.2014

Biotechnologie der Food and Drug Administration James Maryanski.[29] Darüber hinaus werden Kontrollen für Nahrungsmittel aus GVO oder mit daraus hergestellten Bestandteilen nur durchgeführt, wenn eine Zutat in der Rezeptur gänzlich neu und unerforscht ist. Neben Sojabohnen werden auch Mais, Raps, Zuckerrübe, Luzerne, Papaya und Kürbis in ihren gv. Varianten in den USA angebaut. Desweiteren werden Luzerne als Futtermittel und Baumwolle als Rohstoff für die Weiterverarbeitung angebaut.

Schon vor Jahren führte auch **Kanada** gentechnisch veränderte Nutzpflanzen ein. Die erste gentechnisch veränderte Variante war der GV-Raps und später wurde wie in den USA auch Roundup-Ready-Soja angebaut. Gegenwertig werden ca. 11% der landwirtschaftlichen Fläche in Kanada zum Anbau von gentechnisch veränderten Pflanzen genutzt. Durch die in der Vergangenheit aufgetretenen Probleme mit Pollenverschleppung und der damit verbundenen Verunreinigung von Pflanzenkulturen, Saatgut und Honig steht die kanadische Regierung dem Einsatz von Gentechnik jedoch skeptisch gegenüber.[30]

Im **lateinamerikanischen Raum** werden vorwiegend gentechnisch veränderter Mais, Sojabohnen und Baumwolle angebaut. Mais und Sojabohnen werden weltweit als Futtermittel für Nutztiere verkauft. Mit mehr als 50% Anbaufläche für GVO ist Lateinamerika eine bedeutende Quelle für den Eintrag von genveränderten Materialen in die Landwirtschaft.

Auch im asiatischen Raum werden GVO's genutzt. **China** ist ebenfalls eine Nation, die schon seit mehreren Jahren Gentechnik in Agrar- und Lebensmittelwirtschaft anwendet. Bereits in den 1990er Jahren wurde ein gentechnisch veränderter Zuchtkarpfen genutzt um Lebensmittel herzustellen. Dieser wächst auf das fünffache seiner ursprünglichen Größe heran und bietet damit eine größere Eiweiß- und Fettausbeute.[31] Eine der ersten gentechnisch veränderten Pflanzen in China war die Tomate. Darüber hinaus werden gv-Paprika, gv-Baumwolle und gv-Petunien seit 2002 angebaut und gentechnisch veränderte Pappeln zur Aufforstung von Wäldern genutzt. Im Fokus der chinesischen Gen-Forschung liegen die Resistenzen von Pflanzen gegenüber Pestiziden, Insektiziden, Schädlingen, Vieren

---

[29] MARYANSKY, J., Die Welt, Der Siegeszug der Grünen Gentechnik in Nordamerika, 08.03.2005;

[30] BRIGITTE ZARZER, 1. Auflage, Heise Zeitschriften Verlag GmbH & Co. KG, Hannover, Einfach Genial Die Grüne Gentechnik, 2006, Stichwort "1.2 Geschichte und Basics", S. 41-49.;

[31] Gen-ethischer Informationsdienst (GID), Ausgabe 43, Ein Riesenkarpfen für die chinesische Reistafel, 1989, April 89, S. 9;

sowie die Verbesserung der Mast bei Nutztieren. Im Zuge der chinesischen Industriealisierung steigt der Einsatz von GVO's stetig.

Auch in **Indien** ist die Gentechnik ein starker wirtschaftlicher Faktor. 11% der angebauten Baumwolle ist gv-Baumwolle, die für viele Bauern die Existenzgrundlage darstellt.

Andere Nationen der Erde behalten den Fortschritt der Biotechnologie weiterhin im Auge. Testfelder mit gv-Pflanzen sind in vielen Nationen vertreten und stellen eine Grundlage für zukünftige biotechnologische Forschungen dar.[32] Die folgende Abbildung veranschaulicht den prozentualen Anteil der in den einzelnen Nationen landwirtschaftlich genutzten Fläche, auf denen gentechnisch veränderter Pflanzen angebaut werden.

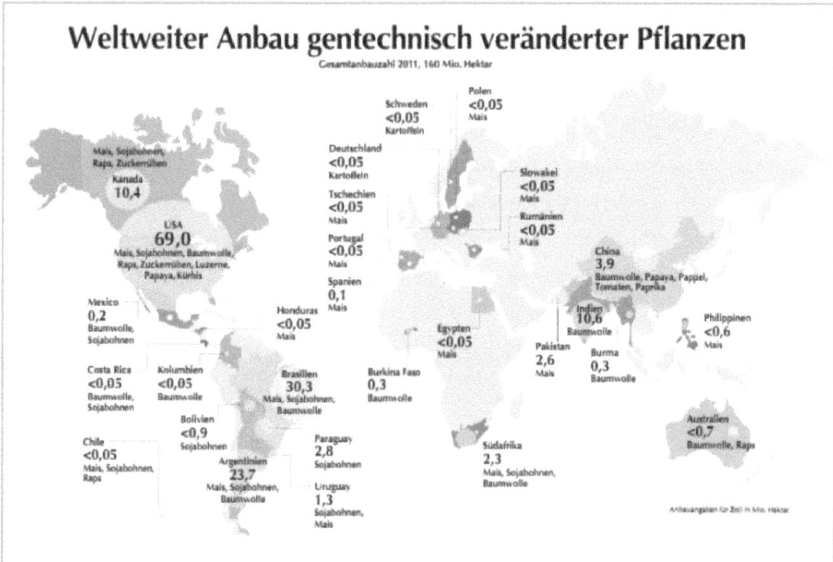

Abbildung 1: Anteil von gentechnisch veränderten Pflanzen an der landwirtschaftlichen Nutzfläche 2011 [33]

[32] BRIGITTE ZARZER, 1. Auflage, Heise Zeitschriften Verlag GmbH & Co. KG, Hannover, Einfach Genial Die Grüne Gentechnik, 2006, Stichwort "1.2 Geschichte und Basics", S. 50-59.;

[33] HOANG, T., 19.03.2013, Grüne Gentechnik - Eine Chance oder Gefahr für die Menschheit und ihre Umwelt?, http://www.zds-bonn.de/images/fachundsachinfo/gvo_fnl_greenfacts.gif, gesehen am 06.01.2014

Gentechnisch veränderte Tiere für die Herstellung von Lebensmitteln haben weltweit so gut wie keine Bedeutung. Lediglich im Bereich der Fischzucht gibt es marktfähige GVO, wie es das genannte Beispiel des Riesenkarpfens aus China beschreibt. In den USA, Kanada und Chile laufen seit Jahren Zulassungsverfahren für schnell wachsende Lachse. Diese bieten höhere Ausbeuten und besseres Aussehen. Zudem sind gentechnisch veränderte Lachse wesentlich keimfreier, als ihre natürlich vorkommenden Verwandten. Laut aktuellen Untersuchungen gibt es keinen Grund gegen die Einführung des gv-Lachses auf den Markt.[34]

Neben primären Organismen, die als Futtermittel und Lebensmittel genutzt werden, sind auch Enzyme, Zusatzstoffe und Aromen aus GVO's zu nennen. Diese finden in der gesamten Lebensmittelindustrie Anwendung.

4.2 Situation in Europa

In Europa ist der größte Teil der Bevölkerung Gentechnik gegenüber kritisch eingestellt. Dies führte zu den im Rechtsteil aufgeführten Verordnungen und den damit verbundenen Kennzeichnungsbestimmungen. Das ist wohl auch ein Grund warum im europäischen Raum kaum gentechnisch veränderte Pflanzen angebaut werden. Hinzu kommt, dass die Mehrzahl der Bauern der Biotechnologie generell mit Argwohn gegenüber stehen.

In der EU sind derzeit 8 Baumwollsorten, 3 Nelkensorten, 32 Maissorten, 4 Rapssorten, 7 Sojasorten und 1 Zuckerrübensorte gentechnisch verändert und zugelassen. Bei allen genannten Sorten wurde dabei die Sicherheitsbewertung abgeschlossen und das Produkt nach gültigen EU-Rechtsvorschriften zugelassen bzw. als "existierendes Produkt" anerkannt. Vor allem Spanien und Portugal gehören innerhalb der EU zu den Anbauländern von gentechnisch veränderten Pflanzen. In der folgenden Tabelle 2 sind alle zugelassenen, d.h. für den Anbau freigegebenen, gentechnisch veränderten Organismen erfasst.

[34] Umweltinstitut München e.V. , Transgene Fische: Nicht Fisch, nicht Fleisch, http://umweltinstitut.org/gentechnik/manipulation-an-tieren/transgene-fische-nicht-fisch-nicht-fleisch-199.html, gesehen am 02.04.2014;

Tabelle 2: Übersicht der zum Anbau zugelassenen, EU-Recht konformen oder als "existierendes Produkt", nach früherem Recht anerkannten, gentechnisch veränderten Organismen, innerhalb der EU [35]

Sorte	Unternehmen	Merkmal
281-24-236 x 3006-210-23	Dow AgroSciences	InsRes
GHB614	Bayer CropScience	HerbRes
LLCotton25	Bayer CropScience	HerbRes
MON1445	Monsanto	HerbRes
MON531	Monsanto	InsRes
MON531 x MON1445	Monsanto	HerbRes, InsRes
MON15985	Monsanto	InsRes
MON15985 x MON1445	Monsanto	HerbRes, InsRes

Blumen		
Nelke Moonshadow 1 (1363A)	Florigene Ltd	veränderte Blütenfarbe
Nelke Moonaqua	Florigene Ltd	veränderte Blütenfarbe
Nelke Moonlite	Florigene Ltd	veränderte Blütenfarbe
Raps		
MS8 x RF3	Bayer CropScience	männl. Sterilität, HerbRes
T45	BayerCrop Science	HerbRes
MS8 x RF3	Bayer CropScience	männl. Sterilität, HerbRes
GT73	Monsanto	HerbRes
Soja		
MON87701 x MON89788	Monsanto	HerbRes, InsRes
DP-356043	Pioneer	HerbRes
GTS 40-3-2	Monsanto	HerbRes
A5547-127	Bayer CropScience	HerbRes
MON87701	Monsanto	InsRes
MON89788	Monsanto	HerbRes

[35] TransGen, Zulassung, http://www.transgen.de/zulassung/gvo/; gesehen am 16.02.2014

A2704-12	Bayer CropScience	HerbRes
Zuckerrübe		
H7-1	KWS Saat AG / Monsanto	HerbRes
Mais		
MON810	Monsanto	InsRes
MON89034 x TC1507 x MON88017 x 59122 "SmartStax"	Dow AgroSciences, Monsanto	HerbRes, InsRes
MON89034 x TC1507 x NK603	Dow AgroScience, Monsanto	HerbRes, InsRes
MIR162	Syngenta	InsRes
Bt11 x MIR604	Syngenta	HerbRes, InsRes
MIR604 x GA21	Syngenta	HerbRes, InsRes
Bt11 x MIR604 x GA21	Syngenta Seeds	HerbRes, InsRes
TC1507	Pioneer / Dow AgroScience	HerbRes, InsRes
MON89034 x MON88017	Monsanto	HerbRes, InsRes
TC1507 x 59122	Dow AgroSciences / Pioneer Hi-Bred	HerbRes, InsRes
59122 x TC1507 x NK603	Pioneer HiBred	HerbRes, InsRes
MON88017 x MON810	Monsanto	HerbRes, InsRes
MON89034 x NK603	Monsanto	HerbRes, InsRes
Bt11 x GA21	Syngenta	HerbRes, InsRes
Bt11	Syngenta	InsRes
MON863 x MON810 x NK603	Monsanto	HerbRes, InsRes
MON863 x NK603	Monsanto	HerbRes, InsRes
MON863 x MON810	Monsanto	InsRes
MIR604	Syngenta	InsRes
59122 x NK603	Pioneer Hi-Bred	HerbRes, InsRes
MON88017	Monsanto	HerbRes, InsRes

MON89034	Monsanto	InsRes
GA21	Syngenta Seeds SAS	HerbRes
59122 "Herculex"	Pioneer Hi-Bred / Mycogen Seeds	HerbRes, InsRes
TC1507 x NK603	Pioneer Hi-Bred / Mycogen Seeds	HerbRes, InsRes
NK603 x MON810	Monsanto	HerbRes, InsRes
T25	Bayer CropScience	HerbRes
MON863 x MON810	Monsanto	InsRes
MON863	Monsanto	InsRes
MON863	Monsanto	InsRes
NK603	Monsanto	HerbRes
Bt11	Syngenta	InsRes

Was explizite gv-Produkte in den einzelnen EU-Staaten anbelangt, so ist schwer ein Überblick zu schaffen. Im europäischen Raum sind gv-Produkte in Form von Ölen, Getränken und Süßwaren definitiv auf dem Markt. Welche Produkte im Einzelnen erhältlich sind, ist von Land zu Land verschieden.

4.3 Situation in Deutschland

In Deutschland selber existieren Anbauverbote von gentechnisch veränderten Sorten, wie zum Beispiel der Maissorte Mon810. Zudem sind derzeit keine gentechnisch veränderten Obst- oder Gemüsesorten in Deutschland zugelassen. Hinsichtlich der Produkte, die aus GVO hergestellt wurden oder diese enthalten, existieren Zulassungen in Deutschland. Solche Produkte sind allerdings nur in geringen Mengen auf dem Markt vertreten. Vorwiegender Grund dafür ist die Ablehnung des Verbrauchers von gentechnisch veränderten Organismen in Lebensmitteln. Allerdings sind Produkte wie Zucker oder Stärke aus gv-Pflanzen in Deutschland erhältlich. Im Bereich der Gastronomie werden beispielsweise Fette zum Frittieren verwendet, die aus gv-Pflanzen oder mit gv-Zutaten hergestellt wurden sind, wie beispielsweise raffiniertes Rapsöl.

Explizite Produkte mit Gentechnik kommen meist aus dem Ausland, wie den USA oder China, wo gentechnisch veränderte Ausgangsstoffe für die Herstellung von

Lebensmitteln als Standard gelten. So beispielsweise Schokoriegel, Getränke, getrocknete Lebensmittel oder diverse Süßwaren.[36] [37]

Greenpeace hat im Jahr 2010 hierzu begonnen sogenannte Gen-Alarm-Listen zu erstellen. In den Listen sind Produkt, Hersteller, Fundort und genveränderter Bestandteil des Lebensmittels festgehalten. Die Liste wurde bis zum Datum dieser Projektarbeit aktuell gehalten.[38] In Tabelle 3 sind die in Deutschland erhältlichen Produkte zusammenfassend aufgelistet.

Tabelle 3: Übersicht der in Deutschland erhältlichen Produkte aus oder mit Gen veränderten Zutaten seit 2010, aus dem Ausland stammend [39]

Produkt	Hersteller/Importeur	Gen-Zutaten laut Kennzeichnung
Asia- und US-Produkte		
A.1. Steak Sauce Bold & Spicy	Kraft Foods Group, Inc	Maissirup, Karamellfarbstoff
Aokappa (Gurken eingelegt)	Importeur SSP Trade & Consult GmbH	Sojabohnen
Blair's Death Sauce	Blair's Sauces & Snacks	Sojaöl, Melasse, Maisstärke
Bush's Baked Beans	Bush Brothers and Company	brauner Zucker, Maisstärke, Karamellfarbstoff
Chakappa	Importeur SSP Trade & Consult GmbH	Sojabohnen
Coconut Curry Gourmet Sauce	Sable & Rosenfeld	Rapsöl, modifizierte Maisstärke
Coffee-mate Hazelnut	Nestlé USA, Inc.,	Sojaöl
Döner	Euro Döner GmbH & Co.KG	Sojaprotein (steht unter „Zutaten" auf dem Speisekartenflyer)
Fertiggerichte mit Weizennudeln	CJ Company	Sojasauce

[36] Gentechnik im Essen: Wo steckt was drin?, http://www.ndr.de/ratgeber/verbraucher/Gentechnik-im-Essen-Wo-steckt-was-drin,gentechnik171.html; gesehen am 16.02.2014

[37] Gen-Alarm: Liste gekennzeichneter Lebensmittel, http://www.greenpeace.de/themen/gentechnik/gen-alarm-liste-gekennzeichneter-lebensmittel-0; gesehen am 14.05.2014

[38] Gen-Alarm: Liste gekennzeichneter Lebensmittel, http://www.greenpeace.de/themen/gentechnik/gen-alarm-liste-gekennzeichneter-lebensmittel-0; gesehen am 14.05.2014

[39] TÖWE, S., PDF-Dateien, Greenpeace, Hamburg, Gen-Alarm bei Süßigkeiten & Softdrinks, Gen-Alarm bei Asia- & US-Produkten, Döner und Co., Gen-Alarm bei Speiseölen, 2010 bis 2014;

Fukujinzuke (Rettich eingelegt "Rot")	Importeur SSP Trade & Consult GmbH	Sojabohnen
Gishi Kinako Gemahlene Sojabohnen	Importeur SSP Trade & Consult GmbH	Sojabohnen
Higashimaru Men Soup Würzsauce 1,8 L	Importeur SSP Trade & Consult GmbH	Sojabohnen
Higashimaru Usukuchi Shoyo Soja Sauce (hell)	Importeur SSP Trade & Consult GmbH	Sojabohnen
Hunt's Barbecue Sauce	Americanfood4u	Isoglucose, Maissirup, Melasse, brauner Zucker, Sojalecithin (je nach Sorte auch andere Gen-Zutaten ausgewiesen)
KC Masterpiece Barbecue Sauce	The HV Food Products Company	Isoglucose, Zucker, Melasse, Lebensmittelstärke, Maissirup
Magic Time Honey Mustard	Americanfood4u	Maissirup
Marca Pina Soy Sauce	Importeur Heuschen & Schrouff OFT B.V. Landgraaf Holland	Sojabohnen
Marukome Chisaimiso Kouji Sojabohnen-paste	Importeur SSP Trade & Consult GmbH	Sojabohnen
Masuya Onigiro Senbei Reisgebäck	Importeur SSP Trade & Consult GmbH	Sojabohnen
Mitsukan Ajipon Citrus Seasoned Soy Sauce	Mitsukan Group Corporation	Sojabohnen
Morita Ginsen Sashimi TamariSojasauce für Sashimi	Importeur SSP Trade & Consult GmbH	Sojabohnen
Namamiso-zui Naganegi Instant Sojabohnenpaste	Importeur SSP Trade & Consult GmbH	Sojabohnen

Nama Misoshiro Wakameiri (Instant Sojabohnenpaste Suppe)	Importeur SSP Trade & Consult GmbH	Sojabohnen
Otafuku Okonomi Sauce Würzsauce (dick)	Importeur SSP Trade & Consult GmbH	Sojabohnen
Riken Non Oil Dressing Oroshi + Riken Non Oil Dressing Aojiso	Riken Vitamin Co. Importeur SSP Trade & Consult GmbH	Sojabohnen
Sempio Soy Sauce	Sempio Foods Company	Sojabohnen
Sojabohnen Paste	Koreanisches Erzeugnis	Sojabohnen
Sojabohnensprossen	Shin Chang General Food	Sojabohnen
Soy Sauce	Importeur Hanyang-Yutong	Sojabohnen
Stonewall Kitchen Honey Mustard Dressing	Stonewall Kitchen	Rapsöl
Sweet Baby Ray's Barbecue Sauce	Sweet Baby Ray's	Isoglucose, modifizierte Lebensmittelstärke, Karamellsirup, Maissirup, Zucker
Te Chang Food, Gewürzte Tofu	Importeur: YIU GmbH	Sojabohnen
Te Chang Food, Gewürzte Tofu, scharf	Importeur: YIU GmbH	Sojabohnen
Teriyaki Sauce	Sable & Rosenfeld	Sojabohnen, Sojaöl, Maisstärke
Tipsy BBQ Sauce	Sable & Rosenfeld	Maisstärke, Sojabohnen
Tofu firm	Importeur SSP Trade & Consult GmbH	Sojabohnen
Tofu Mix Soybean Curd Mix	House Food Industrial Co. Ltd.	Sojabohnen
Yamaki Mentsuy	Yamaki Co., LTD, IYO City, EHIME PREF.,	Sojabohnen
Yamasa Soy Sauce + Yamasa Teriyaki Sauce	Yamasa Corporation	Sojabohnen
Yamasa Sushi Soy Sauce	Yamasa Corporation	Sojabohnen

Speiseöle		
Belkost – reines Pflanzenöl 10 L	Lebensmittel Becker	Sojaöl
Brölio, reines Pflanzenöl	Brökelmann + Co	Sojaöl
Coroli Sojaöl	COROLI	Sojaöl
Gerlicher Reines Pflanzenöl	Gerlicher GmbH	Sojaöl
Levo Sojaöl	Levo BV	Sojaöl
Lydia-Pflanzenöl–Slaolie	ILG - Ichoh Levensmiddelen Gastronomie	Sojaöl
Oilio Soja Olie	AOR N.V.	Sojaöl
Pflanzenöl	Unifill B.V.	Sojaöl
Reines Pflanzenöl	Norbert Kolb Öle und Fette	Sojaöl
Sedina reines Pflanzenöl 10 L	Ölmühle Hamburg Aktiengesellschaft	Sojaöl
Sola Gold – Pure Vegetable Oil 10 L	Karl Heidenreich GmbH – Speiseölabfüll-betrieb	Sojaöl
Soybean Oil	Heuschen & Schrouff	Sojaöl
Süßwaren und Softdrinks		
A&W Cream Soda	Dr. Pepper/Seven Up, Inc.	Isoglucose, Karamellfarbstoff
A&W Root Beer	Dr. Pepper/Seven Up, Inc.	Isoglucose, Karamellfarbstoff
Baby Ruth (Schokoriegel)	Nestlé USA, Inc.	Mais und Soja
Baby Ruth Crisp (Schokoriegel)	Nestlé USA, Inc.	Mais und Soja
Betty Crocker Oatmeal Chocolate Chip (Cookie Mix)	General Mills	Zucker, Sojalecithin, Maissirup, Sojabohnenöl, Sojamehl
Betty Crocker Walnut (Brownie Mix)	General Mills	Zucker, Maissirup, Sojabohnenöl und/oder Baumwollsaatöl, Maisstärke
Big Red (Erfrischungsgetränk)	Big Red, Inc.	modifizierte Lebensmittelstärke

Butterfinger (Riegel)	Nestlé USA, Inc.	Mais und Soja
Canada Dry Ginger Ale	Dr. Pepper/Seven Up, Inc.	Isoglucose, Karamellfarbstoff
Chocolate Lucky Charms	General Mills	Zucker, Maissirup, Dextrose, Maisstärke
Coca Cola (Vanilla-, Cherry-Dosenimport)	Coca-Cola Company	Maissirup, Karamellfarbstoff
Dr. Pepper Cherry Vanilla	Dr. Pepper Company	Isoglucose, Karamellfarbstoff
Duncan Hines Brownies	Pinnacle Foods Group LLC	Zucker, Maissirup, Sojaöl, Baumwollsaatöl, Maisstärke
Duncan Hines Classic White	Pinnacle Foods Group LLC	Zucker, gebleichtes Weizenmehl Sojaöl, Emulgator 471, Dextrose, Sojaprotein, Sojaemulgator E322, Maltodextrin
Hershey's Cookies'n'crème	The Hershey Company	Zucker, Maissirupfeststoffe, Sojaöl, Baumwollsamenöl, Soja-Lecithin, Maissirup, Emulgator PGPR E-476
Hershey's Kisses (Milchschokolade)	The Hershey Company	Zuckerrüben und/oder Sojabohnen
Hershey's Milk Chocolate	The Hershey Company	Zucker, Milchzucker, Sojalecithin E-322, Emulgator PGPR E-476
Hershey's mr. Goodbar	The Hershey Company	Zucker, Sojalecithin
Hershey's Sirup	The Hershey Company	Fruktose-Glukose-Sirup, Glukose-Sirup, Zucker
Hershey's Whatchamacallit	The Hershey Company	Zucker, Maissirup, Puffreis, Sojaöl, Maissirup-Feststoffe, Mono- und Diglyceride, Sojalecithin, Melasse
Keebler Ready Crust Shortbread (Fertigkuchenboden)	Kellogg Sales Co.	Sojaöl, Maismehl, Maisstärke, Sojalecithin

Mountain Dew (Erfrischungsgetränk)	Pepsico , Inc	Isoglucose, Zucker
PayDay (Riegel)	The Hershey Company	Zucker, Maissirup, Soja-Protein
Kellogg's pop tarts	Kellog´s	Sojabohnenöl, Zucker, Maissirup, Fructosesirup, Sojalecithin, Maisstärke
Pepsi wild cherry	Pepsico , Inc	Isoglucose, Karamellfarbstoff
Reese's NutRageous	H.B. REESE CANDY CO	Zucker, Soja und Mais
Rees's Peanut Butter Creamy	The Hershey Company	Zucker, Baumwollsaat, Sojabohnen, Maisstärke
Reese's Peanut Butter Cups	The Hershey Company	Zucker, Soja und Mais
Reese's Peanut Butter Cups Miniatures	The Hershey Company	Zuckerrüben, Mais und/oder Sojabohnen
Reese's Peanut Butter Cups – White	H.B. REESE CANDY CO.	Gentechnisch verändert: Zucker, Dextrose, Maissirupfeststoffe, Soja-Lecithin
Reese's pieces	H.B. REESE CANDY CO.	Zucker, Sojaöl, Maissirup, Dextrose, Soja-Lecithin, modifizierte Maisstärke
Seven Up cherry	Dr. Pepper/Seven Up, Inc.	Isoglucose
Stonewall Kitchen Pancake & Waffle Mix	Stonewall Kitchen	Maismehl
Stonewall Kitchen Triple Fudge Brownie Mix	Stonewall Kitchen	Zucker, Sojalecithin
Sunkist Orange Soda	Dr. Pepper/Seven Up, Inc.	Isoglucose
Take 5 (Schokoriegel)	The Hershey Company	Zucker, Maissirup, Sojaöl, Dextrose, Maisöl, Rapsöl, Sojalecithin
Twizzlers Strawberry, Cherry Twists	The Hershey Company	Maissirup, Zucker, Sojalecithin
Welch's Sparkling Soda Grape, Strawberry	Dr. Pepper/Seven Up, Inc.	Isoglucose

Zero (Riegel)	The Hershey Company	Zucker, Maissirup, Sojastücke, Sojalecithin, hydrolisiertes Sojaprotein

Auffällig bei Begutachtung der Liste wird, dass vielen Produkten mit Gentechnik die Sojabohne zu Grunde liegt. Unter den Speiseölen finden sich hauptsächlich für die Gastronomie erhältliche Großverpackungen (Kanister). In der Regel sind die genannten Produkte nur in Asia-Shops oder Geschäften mit Auslandsprodukten zu finden. In Deutschland wird die Kennzeichnungspflicht weitestgehend eingehalten, dennoch waren laut Aussage von Greenpeace einige gv-Produkte ohne rechtskonforme Kennzeichnung erhältlich.

Die Kennzeichnung von Lebensmitteln mit Gentechnik ist nur ab einem Anteil von 0,9% der genveränderten Zutat im Produkt gefordert. Dies bedeutet, dass Kleinstmengen nicht erfasst werden. Zudem fordert der Gesetzgeber nicht, dass Zusatzstoffe, Vitamine, Aromen und Enzyme, die mit Hilfe gentechnisch veränderten Mikroorganismen hergestellt wurden, gekennzeichnet werden müssen. Weiterhin sind Fleisch, Eier, Milch und andere tierische Lebensmittel, bei denen Futtermittel aus gv-Pflanzen verwendet wurden nicht kennzeichnungspflichtig. Tatsächlich stammt ein Großteil der Futtermittel für Nutztiere von der gv-Sojabohne.[40]

Aufgrund der genannten Tatsachen, ist die Kennzeichnung von gv-Zutaten in Lebensmitteln kritisch zu betrachten. Unterstrichen wird dieser Sachverhalt durch Abbildung 2, die den Zusammenhang zwischen der Verwendung von Gentechnik in Produkten und der tatsächlichen Kennzeichnung aufzeigt.

[40] transGen, Warum es so wenig Produkte mit Kennzeichnung gibt, 27.05.2013, http://www.transgen.de/recht/kennzeichnung/114.doku.html; gesehen am 02.07.2013

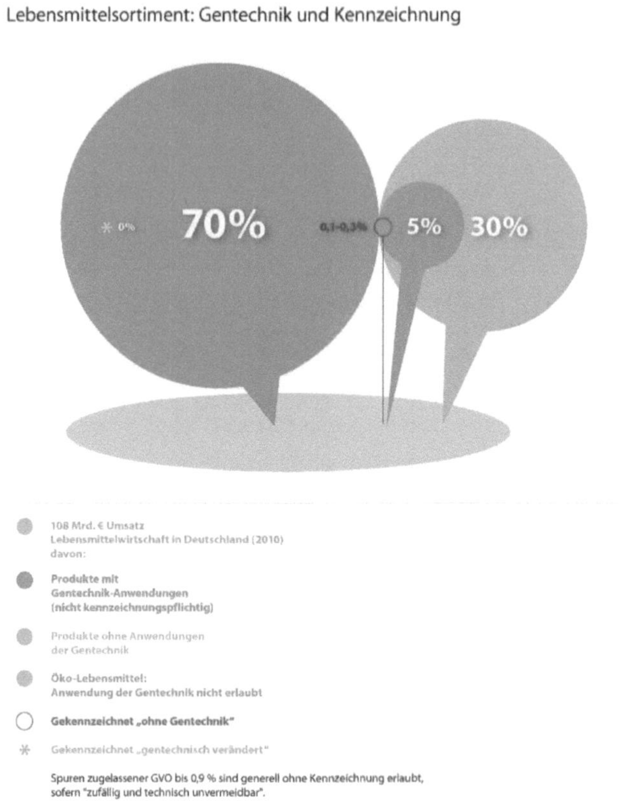

Abbildung 2: Zusammenhang zwischen Verwendung von Gentechnik in Lebensmitteln und deren Kennzeichnung [41]

Aus der Abbildung 2 geht hervor, dass etwa 70% aller Erzeugnisse auf dem deutschen Lebensmittelmarkt, Produkte mit Gentechnik-Anwendungen sind, die jedoch nicht gekennzeichnet werden müssen. Die übrigen 30% der Produkte kommen ohne Anwendungen von Gentechnik aus, wovon 5% Öko-Lebensmittel sind, bei denen die Gentechnikanwendung darüber hinaus nicht erlaubt ist. Die einzige, zudem freiwillige Kennzeichnung, die bei ca. 0,1 bis 0,3 Prozent der Lebensmittel genutzt wird, ist das „Ohne Gentechnik“ Label.

[41] transGen, Grafik, Lebensmittelsortiment und Kennzeichnung, 27.05.2013, http://www.transgen.de/recht/kennzeichnung/114.doku.html; gesehen am 02.07.2013

5. Gentechnik in der Gesellschaft

Momentan sind in vielen Lebensbereichen innerhalb kürzester Zeit immer wieder technische Neuerungen anzutreffen, sodass der Durchschnittsverbraucher diese kaum noch erfassen oder gar verstehen kann. Daraus ergibt sich eine bestimmte Skepsis und Ablehnung neuen Techniken gegenüber. Immer häufiger wird deren Notwendigkeit in Frage gestellt und in der Öffentlichkeit entbrennen Diskussionen über Risiken und Nutzen.

So auch über Anwendungen gentechnischer Verfahren im Agrar- und Lebensmittelbereich. In vom Überfluss geprägten Ländern (den Industrieländern), zu denen auch Deutschland zählt, ist aufgrund hoher Produktions- und Qualitätsstandards der Nutzen gentechnischer Anwendungen nicht so leicht zu erkennen. In Entwicklungsländern allerdings dürfte die Akzeptanz, der sich durch Gentechnik ergebenden Möglichkeiten, eine ganz andere sein. Hier spielt der Grundwert des Lebensmittels, also satt werden und Durst löschen, die größte Rolle. In den Industrieländern dagegen ist der Zusatznutzen, wie Genuss und Convenience, eines Lebensmittels von Bedeutung. Nahrungsmittel sollen immer genussvoller und besser werden, dabei aber immer naturbelassen, frisch, sicher, haltbar und billig sein. Um diese Forderungen umzusetzen, sind neue Technologien, wie eben die Grüne Gentechnik, wohl unerlässlich. [42]

Jedoch herrscht in weiten Kreisen der Bevölkerung Deutschlands Skepsis gegenüber Lebensmitteln, die mit Hilfe gentechnischen Methoden hergestellt wurden. Ein Grund für diese ablehnende Haltung ist, dass der unmittelbare Nutzen eines gentechnisch veränderten Lebensmittels durch den Verbraucher nicht erkannt wird. Schließlich gibt es ein ausreichendes Angebot an qualitativ hochwertigen sowie günstigen Lebensmitteln. Ein weiterer Grund für die Ablehnung sind Ängste vor möglichen, unabschätzbaren Risiken für Mensch und Umwelt sowie ethische Bedenken. Diese Ängste sind begründet in mangelndem Wissen über Gentechnik. Zudem kam eine Studie zu dem Ergebnis, dass diese Vorbehalte unabhängig von Bundesland, Alter und Bildung vorliegen. Daraus lässt sich schlussfolgern, dass die Reaktionen auf den Sachverhalt Gentechnik vor allem emotional bedingt sind.[43]

---

[42] JANY Prof. K.-D., Wissenschaftlerkreis Grüne Gentechnik, Gentechnik im Agrar- und Lebensmittelbereich Stand und Perspektiven – Ein Beitrag zur nachhaltigen Produktion von Lebensmittel; S. 2 f.

[43] BRONOWSKI, D.; REICK, K., Seminarfacharbeit Gentechnik und Lebensmittel; Juni 2000, S. 31

Durch eine weitere Studie werden die in Deutschland vorhandenen Zweifel am Nutzen der Gentechnik belegt. Die sogenannte Eurobarometerstudie von 1996 befragte Menschen in ganz Europa inwieweit diese meinen, dass die Gentechnik eine positive Auswirkung auf deren Lebensweise hat. Im Durchschnitt hatten 47% der EU 15 Bürger optimistische Erwartungen im Hinblick auf die Auswirkungen von Biotechnologie und Gentechnik. In Deutschland liegt die Akzeptanz die Gentechnik betreffend bei 36%, das ist nach Österreich mit 28% der niedrigste Wert in Europa. Ein weiteres Ergebnis dieser Studie zeigt, dass verglichen mit anderen neuen Technologien die Biotechnologie bzw. die Gentechnik die wenigsten positiven Erwartungen auslöst. Dabei wird der Begriff der Biotechnologie positiver wahrgenommen, als der Begriff der Gentechnik. Werden die verschiedenen Anwendungsgebiete der Gentechnik nach ihren Risiken bewertet, so werden die größten Risiken im Lebensmittelbereich gesehen.[44]

6. Chancen und Risiken von Gentechnik in Nahrungsmitteln

6.1 Chancen

Mit Hilfe der Gentechnik eröffnen sich zahlreiche Möglichkeiten existierende wirtschaftliche, umwelttechnische und gesellschaftliche Problemstellungen, wie beispielsweise die Umweltbelastung durch Landwirtschaft und Lebensmittelproduktion oder die Nahrungsknappheit in vielen Ländern der Erde, anzugehen und Lösungen zu entwickeln. Trotz des Potenzials dieser Wissenschaftsdisziplin, findet die Gentechnik jedoch in großen Teilen der Bevölkerung, nicht nur in Deutschland, kaum Zuspruch. Um zu zeigen, zu welchen Leistungen die Gentechnik imstande ist, werden im Folgenden die bestehenden Möglichkeiten aufgeführt und erläutert.
Die Gentechnik ist in der Lage verschiedene ernährungswissenschaftliche Erkenntnisse umzusetzen. Dazu gehören der verbesserte Erhalt wertgebender Inhaltsstoffe, die Möglichkeit der Erhöhung des Gehaltes an natürlichen Antioxidantien und Vitaminen sowie die optimierte Zusammensetzung von Makro- und Mikronährstoffen. Darüber hinaus sind eine Erhöhung des Ballaststoffgehaltes sowie Änderungen im Fettsäuremuster möglich.

---

[44] ALVERSLEBEN, R. Verbraucherakzeptanz von genetisch veränderten Lebensmitteln; 1999 http://www.uni-kiel.de/agrarmarketing/Lehrstuhl/hst99.pdf

Weiterhin können toxische oder hygienische Risiken im Produkt oder im Herstellungsverfahren ausgeschaltet werden. Darunter fällt die Reduzierung natürlich vorkommender Toxine, wie beispielsweise die Reduktion des Solaningehaltes in Kartoffeln und Tomaten oder des Phytinsäuregehaltes in Getreidearten. Desweiteren ist mittels Gentechnik die Hemmung des Wachstums pathogener Keime sowie die Reduzierung von mikrobiologischen Risikofeldern machbar.

Mit Hilfe von Gentechnik ist es einerseits möglich diätetische und hypoallergene Lebensmittel zu entwickeln und andererseits eine Verbesserung und Erweiterung der sensorischen Eigenschaften zu erreichen. Zudem ist eine verbesserte Haltbarkeit und Lagerfähigkeit von Lebensmitteln umsetzbar. Dies kann erreicht werden zum einen durch die Unterdrückung der Fettoxidation und des Zellwandabbaus und zum anderen durch die Hemmung des mikrobiellen Verderbs, was eine Minderung von Nachernteverlusten bewirken kann. [45]

Weiterhin kann die Gentechnik zur Ressourcen- und Ertragssicherung, demnach zur Nachhaltigkeit beitragen. Dazu werden Nutzpflanzen durch den Einbau von Resistenzgenen dahingehend verändert, dass sie gegen Herbizide, Schädlinge und andere erntevermindernde Einwirkungen, wie beispielsweise bestimmte Krankheiten, widerstandsfähig sind. Hieraus ergeben sich für die Landwirtschaft Chancen für ein ökologischeres Wirtschaften und somit eine Entlastung der Umwelt. Denn durch die Anwendung von Gentechnik an Nutzpflanzen kann der Einsatz von Insektiziden und Herbiziden verringert werden, wodurch es zu einer geringeren Grundwasserbelastung und damit zu einer verbesserten Bodenqualität kommt. Zudem ist eine veränderte oder sogar verbesserte Rohstoff- und Reststoffverwertung durch den Einsatz von Gentechnik möglich.[46]

Neben den Chancen im Bereich der Lebensmittel bietet die Gentechnik darüber hinaus viele Möglichkeiten auf andern Gebieten wie beispielsweise in der Medizin, der Kosmetik- und Pharmaindustrie sowie in der Abfallwirtschaft.

---

[45] BRONOWSKI, D.; REICK, K., Seminarfacharbeit Gentechnik und Lebensmittel; Juni 2000

[46] JANY Prof. K.-D., Wissenschaftlerkreis Grüne Gentechnik, Gentechnik im Agrar- und Lebensmittelbereich Stand und Perspektiven – Ein Beitrag zur nachhaltigen Produktion von Lebensmittel; S. 26

6.2 Risiken

Die Gentechnik steht immer wieder in mehreren Punkten in der Kritik und wird besonders in Europa rege diskutiert.

Ein mögliches Risiko, das oft angeführt wird, ist die Herausbildung an Resistenzen von Schadinsekten gegenüber Pestiziden.

Tatsächlich werden gv-Pflanzen oft mit einem Antibiotika-Marker-Gen versehen, um diese später erkennen zu können.[47] Dies birgt das Risiko in sich, das Keime und Tiere resistent gegen Antibiotika werden können. Auch die Resistenzbildung beim Menschen ist nicht ausgeschlossen. Daneben stehen gv-Pflanze und Produkte auch oft im Verdacht Krebs zu erregen. Dies ist mehr oder weniger nur indirekt belegt: Gv-Pflanzen sind häufig mit einer Resistenz gegenüber dem in Herbiziden verwendete Glyphosat (Stichwort: Roundup) ausgestattet. Dadurch werden häufig auf Glyphosat basierende Herbizide angewandt um unerwünschte Unkräuter vom Feld zu tilgen. Die gv-Pflanzen überstehen die Behandlung aufgrund ihrer Gene. Glyphosatrückstände können in den Pflanzen aber verweilen. Besonders wurde dies in Soja festgestellt. Eine thailändische Studie hat herausgefunden, dass die Konzentration des Glyphosates das Wachstum von Brustkrebszellen begünstigen kann. [48]

Eine weitere Studie soll im Jahr 2013 erwiesen haben, dass Teile der GVO-DNA in den menschlichen Blutkreislauf übertragen werden kann. Über einen bis dato unbekannten Mechanismus. [49]

Generell werden immer wieder Studien als Belege für die Bedenklichkeit von GVO's gebraucht. Krebswachstum, Erbgutbeeinträchtigungen, Tumore in Tierversuchen etc. werden immer wieder angeführt. [50] Die Quintessenz ist, dass zu wenig über die Wirkung von fremden Genen in der Nahrung bekannt ist. Es gibt keine direkt belegten Mechanismen, die den Gesundheitszustand des Menschen ändern.

Direkte Risiken lassen sich aber auf wirtschaftlicher Ebene erkennen:

Wird gv-Saatgut verwendet, so sind anwendende Landwirte wirtschaftlich abhängig vom verkaufenden Saatgutunternehmen. Meist verfügen die gv-Pflanzen über keinen Fortpflanzungsmechanismus mehr. Die Saat muss jedes Jahr neu gekauft

---

[47] http://www.biosicherheit.de/lexikon/734.markergen.html; gesehen am 20.08.2014

[48] http://www.ncbi.nlm.nih.gov/pubmed/23756170; gesehen am 22.09.2013

[49] http://www.plosone.org/article/info%3Adoi%2F10.1371%2Fjournal.pone.0069805; gesehen am 22.09.2013

[50] http://www.activistpost.com/2014/04/10-scientific-studies-proving-gmos-can.html; gesehen am 22.09.2013

werden. Dazu kommt, dass der Ertrag langfristig nicht höher ausfällt. Bewirtschaftungen von herkömmlichen Feldern zeigen sogar eine bessere Bodenqualität und verringerte Erosion. Kosten für Bewässerung und Schädlingsbekämpfung überstiegen mit der Zeit den Nutzen der gv-Pflanzenpopulation.[51]

Auch bei der Lebensmittelherstellung können Unternehmen, die auf bestimmte Mikroorganismen oder gv-Zutaten angewiesen sind, abhängig von einem anderen speziellen Unternehmen werden. Zudem könnte der eigentliche Kostenfaktor unterschätzt werden.

Neben gesundheitlichen und wirtschaftlichen Risiken gibt es noch die Risiken der Verbrauchertransparenz. So bestand bis zum 15.Januar 2014 Unklarheit über die Kennzeichnung von GVO-Pollen im Honig. Das EU-Parlament beschloss, dass keine Kennzeichnungspflicht bei gentechnisch veränderten Honig besteht. Dies bedeutet für den Verbraucher, dass er sich nicht sicher sein kann, ob gv-Pollen im Honig sind oder nicht. Die Wahrscheinlichkeit ist bei ausländischem Honig allerdings größer, als bei in Deutschland produziertem Honig. Dennoch kann nicht völlig verhindert werden, dass gv-Pollen im Zuge der Bestäubung von gv-Pflanzen in den Honig gelangen. Bienen fliegen naturgemäß jede Art von Pollen-Quelle an. Die Beweislast liegt nun beim jeweiligen Imker, wenn dieser ein gentechnikfreies Produkt anpreisen möchte. [52]

Mit der aktuellen Rechtslage in der EU und der Situation in Deutschland ergibt sich ein für den Verbraucher *nicht* transparenter Gen-Produkt-Markt. Die Verwendung von mit Hilfe von GVO's hergestellten Enzymen, Vitaminen, Zusatzstoffen und anderen Produkten, sowie Futtermitteln muss nicht gekennzeichnet werden. Das gleiche gilt für Kleinstmengen von GVO's im Produkt, die technisch nicht vermeidbar sind. Der Verbraucher kann weder beim Honig noch bei anderen Produkten Gewissheit über die Abwesenheit von Gentechnologie haben. So kann ein Jogurt durchaus mit Milchsäurekulturen hergestellt worden sein, die gentechnisch verändert waren. Mikroorganismen zu verändern um Leistung und Qualität für ein Produkt zu steigern ist im Sinne der Biotechnologie. Dies ist legitim, aber nicht klar ersichtlich. Vor allem da nicht ausreichend Transparenz, bei

---

[51] ZARZER, B. 1. Auflage, Heise Zeitschriften Verlag GmbH & Co. KG, Hannover, Einfach Genial Die Grüne Gentechnik, 2006, Stichwort "3.6 Indien: Killing fields", S. 57;

[52] http://www.martin-haeusling.eu/presse-medien/pressemitteilungen/542-eu-parlament-gegen-gvo-kennzeichnungspflicht-bei-honig.html; gesehen am 20.08.2014

wachsender Abneigung der Bevölkerung gegenüber GVO's besteht. Das größte Risiko der Gentechnik liegt für Viele in der Ungewissheit.

7. Diskussion

Vergleicht man die Vor- und Nachteile, welche in der Arbeit aufgeführt wurden, so lässt sich erkennen, dass das Thema Gentechnik kontrovers diskutiert werden kann. Auf der einen Seite zeichnen sich einige Vorteile, wie erhöhte Wachstumsraten, optimierte Nährstoffbilanzen und Resistenzen gegenüber Pestiziden und Herbiziden ab. Dem gegenüber stehen die moralischen und gesundheitlichen Bedenken der Bevölkerung, wachsende Abhängigkeiten gegenüber den Saatgutunternehmen und die indirekte Täuschung des Verbrauchers durch unzureichende oder fehlende Kennzeichnung.

Bezüglich gesteigerter Erträge gibt es keine Studien die den wirtschaftlichen Nutzen von Gentechnik eindeutig hervorheben. In der Vergangenheit zeigte sich bisweilen eine nur geringe oder gar keine Ertragssteigerung im Vergleich zu Bio-Bauern. Eine Studie der Cornell Universität in New York belegt dies. Zudem zeigte sich in der Studie, dass die Auslaugung bzw. Erosion der Böden geringer waren, als bei Bt-Mais- und Bt-Sojafeldern. Auch Nützlinge sind in Bio-Feldern in größeren Mengen vertreten. Ein weiterer wichtiger Aspekt ist, dass bei Bio-Feldern auf den Einsatz von Chemikalien verzichtet wird. Felder mit Gentechnik jedoch benötigen die Behandlung mit Chemikalien. Dadurch fällt die Grundwasserbelastung bei Bio-Anbau geringer aus, als bei Feldern mit gv-Pflanzen.[53] So lässt sich feststellen, dass der Einsatz von Gentechnik nicht zwangsläufig eine Optimierung der Wirtschaftlichkeit eines landwirtschaftlichen Betriebs darstellen muss. Denn höhere Belastungen der Umweltfaktoren stellen indirekt auch höhere Kosten bei der Vor- und Nachsorge für betreffende Anbaufelder dar. Vielmehr steigt die Abhängigkeit der Landwirte von externen Unternehmen.

In Deutschland wird Gentechnik größtenteils skeptisch bewertet. Im „Gesundheitstrend“ sind Bio-Produkte und Produkte „Ohne Gentechnik“. Es existieren einige moralische Bedenken unter den Verbrauchern gegenüber der Gentechnik. Die Biotechnologie und somit die Gentechnik sind wissenschaftliche Sachgebiete. Es gibt sowohl Vor- und Nachteile, aber kein absolutes Urteil. - „Die

[53] LANG, S. S., Cornell University, Organic farms produce same yields as conventional farms, 13.06.2005;

Gentechnik ist per se weder gut noch schlecht." [54] So Prof. Jany vom Wissenschaftlerkreis der Grünen Gentechnik. - Es handelt sich dabei schließlich, um Technologie bei der Organismen eingesetzt werden, um Ernährungssituationen zu verbessen, Energie- und Rohstoffverbrauch zu vermindern, Abfall zu verringern oder Umweltverschmutzungen zu beseitigen. So können gv-Mikroorganismen beispielsweise eingesetzt werden, um Ölkatastrophen zu lösen oder Ernährungsdefizite auszugleichen. Daher stellen sich Fragen wie: Ist Gentechnik moralisch vertretbar? Ist es moralisch vertretbar sich dem Nutzen der Gentechnik zu verweigern? Sollte der Verbraucher besser aufgeklärt werden? – Ja, der Verbraucher sollte besser aufgeklärt werden. Dies wird deutlich, wenn man die rechtlichen Regelungen zur Kennzeichnung von Gentechnik betrachtet. Nur wenn der Anteil an gentechnisch veränderten Organismen im Lebensmittel über 0,9% liegt, muss dieses entsprechend gekennzeichnet werden. Liegt der Wert darunter, erfolgt keine Kennzeichnung. Die Regelung gibt also keine Garantie, dass im Lebensmittel gar keine Gentechnik vorhanden ist. Diese Tatsache stört den Verbraucher offenbar. Verpackungsangaben scheinen nicht ausreichend zu sein. Das Bundesministerium für Ernährung und Landwirtschaft hat 2014 hierzu 1000 Personen über 18 Jahren befragt.

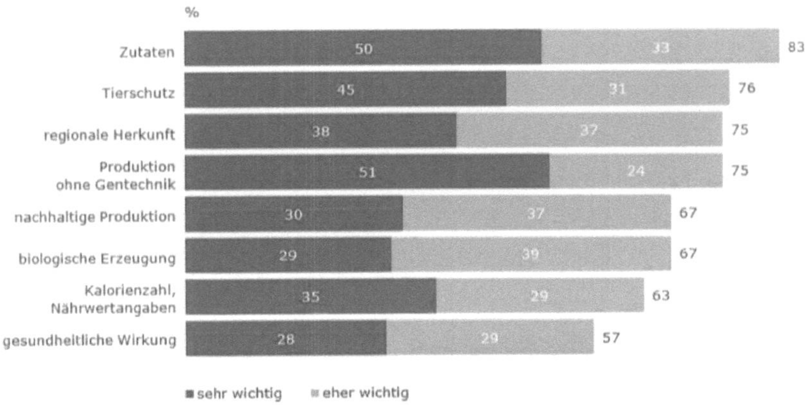

Abbildung 3: Wichtigkeit verschiedener Verpackungsangaben bei 1000 Befragten über 18

[54] JANY, Prof. K.-D., Wissenschaftlerkreis Grüne Gentechnik, Gentechnik im Agrar- und Lebensmittelbereich Stand und Perspektiven – Ein Beitrag zur nachhaltigen Produktion von Lebensmittel, S. 2;

Jahren.[55]

Verbraucher wünschen sich detaillierte Informationen über Zutaten (83%), Tierschutz (76%), Herkunft und Gentechnikfreiheit (75%). Die Auffälligkeit in der Umfrage besteht darin, dass das Thema Gentechnik den Befragten am wichtigsten erschien.

Das ist daran zu erkennen, dass allein von den 75% der Befragten, die detaillierte Informationen über die Produktion ohne Gentechnik auf der Verpackung möchten, 51% dies als „sehr wichtig" einstufen. Damit ist die Kennzeichnung über den Einsatz von Gentechnik die am meisten gewünschte Information.

Gefolgt von dem Wunsch nach Informationen über Zutaten. Zutaten müssen nicht Gentechnik frei hergestellt worden sein! Ein Beispiel ist der, in beliebten Erfrischungsgetränken, geschwärzten Oliven oder anderen Lebensmitteln mit brauner Farbe eingesetzte Farbstoff Zuckerkulör E150d. Mit vollen Namen heißt dieser Farbstoff "Ammoniumsulfit-Zuckerkulör". Dieser Farbstoff wird auf pflanzlicher Basis gewonnen, kann aber auch aus gv-Mais hergestellt werden. Die Nebenwirkungen seien nicht genannt. Tatsache ist, wenn man den E-Nummer Katalog für Lebensmittel durchgeht, kann eine Vielzahl der Zusatzstoffe mit Gentechnik hergestellt werden. Dies zieht selbstverständlich deren Einsatz nach sich.[56] Der Wunsch nach eindeutigen Informationen auf der Zutatenliste ist also sehr plausibel.

Verbraucher fühlen sich nicht ausreichend informiert. Dies wirkt sich auch auf deren Erwartungen aus. So wird die Zuverlässigkeit weniger in der eigenen Mündigkeit gesucht, sondern mehr im Primärproduzenten. Zur Verdeutlichung: Jeder Verbraucher ist mündig und kann anhand der Zutatenliste entscheiden, ob ein Produkt geeignet oder ungeeignet für die Erfüllung eigener Erwartungen ist. Das Problem mit der Gentechnik - Wird das Produkt nicht als Gentechnikprodukt ausgewiesen, ist nicht ersichtlich ob es geeignet ist. Durch die fehlende Kennzeichnung bei Unterschreitung der 0,9% Grenze, tappt der Verbraucher buchstäblich im Dunkeln. Diese Tatsache führt dazu, dass der Verbraucher sich auf den Herstellungsprozess verlassen muss. Seine eigene Entscheidung schützt ihn

---

[55] Bundesministerium für Ernährung und Landwirtschaft, Einkaufs- und Ernährungsverhalten in Deutschland, TNS-Ermid-Umfrage des BMEL, 17.01.2014, Frage 5: Welche Informationen wünschen sich Verbraucher auf Lebensmitteln?. S. 6;

[56] Verbraucherzentrale, 66. Auflage, Verbraucherzentrale Hamburg e.V., Hamburg, Was bedeuten die E-Nummern wirklich?, 2011, "E 150d", S. 23;

nicht vor dem, was er meiden möchte. (Aus welchen Gründen auch immer.) Die Landwirtschaft trägt damit einen Großteil der resultierenden Erwartungslast des Verbrauchers.

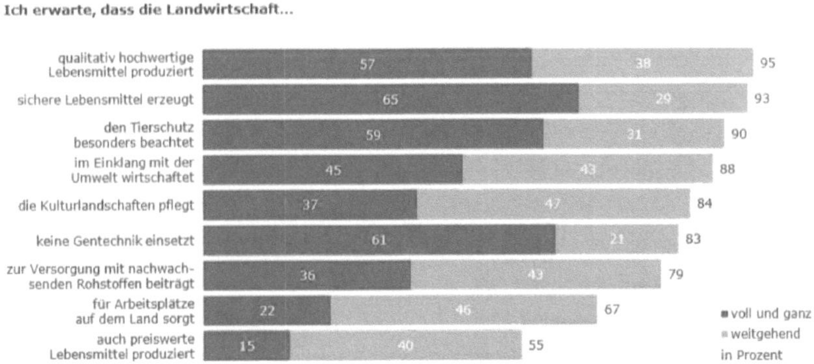

Abbildung 4: Erwartungen an die Landwirtschaft bei 1000 Befragten Personen über 18 Jahren. [57]

Verbraucher erwarten unter anderem, dass Lebensmittel qualitativ hochwertig (95%), sicher (93%), tier- und umweltfreundlich sein sollen sowie möglichst frei von Gentechnik (83%). Es fällt auf, dem Thema Gentechnik wird mit 61% („voll und ganz") auch bei dieser Frage hier eine hohe Bedeutung zugeschrieben.

Die logische Schlussfolgerung ist: Die Kennzeichnung von Lebensmitteln hinsichtlich des Einsatzes von GVO's ist nicht ausreichend. Um also die Hauptfrage dieser Arbeit zu beantworten, müssen alle genannten Aspekte berücksichtigt werden.

„Ist der Einfluss von Gentechnik in unseren Nahrungsmitteln erkennbar?" Die Antwort muss lauten:

„Der Einfluss von Gentechnik in unseren Nahrungsmitteln ist ungenügend erkennbar."

Nur Produkte die definitiv aus gv-Zutaten bestehen sind ausgewiesen. Einen Überblick darüber zu erhalten ist zudem nur dank der Arbeit von gemeinnützigen Organisationen möglich (z.B. Alarmlisten von Greenpeace). Der Einsatz

[57] Bundesministerium für Ernährung und Landwirtschaft, Einkaufs- und Ernährungsverhalten in Deutschland, TNS-Ermid-Umfrage des BMEL, 17.01.2014, Frage 9: Hohe Erwartungen an die Landwirtschaft. S. 10

technologisch bzw. produktspezifisch relevanter Stoffe ist in vielen Fällen nicht kennzeichnungspflichtig. Damit der Verbraucher nur das Produkt kauft, welches er für richtig hält, benötigt er eine bedingungslose Offenlegung aller relevanten Herstellungsinformationen. Der Einsatz von Gen veränderten Organismen ist relevant. Sonst würden die Verbraucher diesem Thema in Umfragen nicht die entsprechende Bedeutung beimessen!

Im Falle einer 100%-igen Kennzeichnung müsste folgendes ersichtlich sein: Zutaten, Zusatzstoffe, einschließlich aller durch Mikroorganismen hergestellter Substanzen und mit gentechnischen Verfahren gereinigte Produkte sowie durch und mit Gentechnik hergestellte in der Landwirtschaft eingesetzte Futtermittel. Dies würde für den europäischen Markt vermutlich eine Massenirritation bewirken. Europa ist ein Markt mit scheinbar geringem GVO-Einsatz. Bricht die Illusion des Verbrauchers vor Gentechnik geschützt zu sein zusammen, so wird sich dies in seinem Kaufverhalten niederschlagen. Daher liegt die Vermutung nahe: Eine ausreichende Kennzeichnung beim Einsatz genveränderter Organismen, ist von Seiten der Industrie nicht wünschenswert. Dies könnte ein wichtiger Grund für mangelnde Verpackungsangaben sein.

Aus wissenschaftlicher Sicht gibt es keine eindeutigen Beweise, dass Gentechnik schädlich für den Menschen ist. In der Gentechnik geht es primär um die Veränderung und Übertragung von Genen. Diese sind für die Erstellung von Proteinen im Organismus zuständig. Da Proteine generell Bestandteil der Nahrung sind, werden diese vom Menschen verdaut. Was verdaut wird, kann nicht in körpereigene Gene assimiliert werden.

Wenn mit Gentechnik verantwortungsbewusst umgegangen wird, so ist eine Gefährdung des Menschen durch gv-Lebensmittel auszuschließen. Bestärkt werden kann diese These durch ein Zitat von Prof. Klaus-Dieter Jany:

"Die Gentechnik im Lebensmittelbereich stellt keine Bedrohung für unsere Gesundheit oder Umwelt dar. Die Chancen der Gentechnik zur Abwehr gesundheitlicher und ökologischer Risiken sollten verantwortungsvoll genutzt werden." [58]

Allerdings neigen Menschen dazu, jenes abzulehnen, was sie nicht kennen. Der Fehler muss in der Aufklärung, nicht in der Technologie selber gesucht werden.

[58] JANY, K. D., Wissenschaftskreis Grüne Gentechnik e.V., Frankfurt (M),Gentechnik im Agrar- und Lebensmittelbereich Stand und Perspektiven – Ein Beitrag zur nachhaltigen Produktion von Lebensmittel, S. 27;

Letztlich müssen dem Verbraucher alle relevanten Informationen, die "guten" und die "schlechten" zur Verfügung gestellt werden, damit er mündig entscheiden kann.

8. Ausblick

Das Thema Gentechnik wird in den kommenden Jahren zwangsläufig immer mehr in den Vordergrund rücken. Im Zuge wachsender Weltbevölkerung ist die Wahrscheinlichkeit groß, dass Gentechnik in absehbarer Zeit *die* Technologie sein wird, um den Hunger zu bekämpfen und die Ansprüche der Menschen zu erfüllen. Auch die Prävention von Krankheiten und deren Behandlung wird dabei in den Fokus rücken. Fleisch könnte in einigen Jahrzenten aus von Mikroorganismen gebildeten Fasern hergestellt werden, Salate könnten sicher gegen Hepatitis gemacht werden etc.. Gentechnik in Lebensmitteln wird wahrscheinlich ein wesentlicher Teil der Nahrungsmittel werden. Es ist nur eine Frage der Zeit, wie lange Europa Barrieren gegen den wachsenden Einfluss genveränderter Organismen aufrecht erhalten kann.
Der Verbraucher benötigt zukünftig mehr Informationen über die Bestandteile seiner Lebensmittel, damit er selber über deren Verzehr entscheiden kann.
Eine entsprechende Aufklärung der Bevölkerung wird daher an Bedeutung gewinnen. Wenn es möglich ist, so könnten "gentechnikfreie Produkte" in naher Zukunft einen wichtigen Absatzmarkt bilden.

9. Fazit

Als Fazit dieser Arbeit lässt sich folgendes formulieren:

Der Einfluss von Gentechnik in unseren Lebensmitteln ist ungenügend erkennbar.

"Die Gentechnik in Lebensmitteln entzieht sich für den Laien der sinnlichen Wahrnehmung. Ein "Erkennen" ist für den Verbraucher derzeit nur im Rahmen der gesetzlichen Kennzeichnungspflicht möglich, wobei diese (...) vom Verbraucher weniger als Informations-, sondern vielmehr als Warnhinweis interpretiert wird." [59]

Die Gesetzeslage zur Verpackungskennzeichnung ist ungenügend. Die Kennzeichnung beim Einsatz von Gentechnik sollte unabhängig von der im Lebensmittel vorhandenen Menge erfolgen. Dies sollte sowohl die Herstellung von Zusatzstoffen aus GVO einschließen, als auch die mit oder durch gv-Mikroorganismen produzierten Lebensmittel. Dazu zählt die Verwendung von Enzymen (z.B. Wurstproduktion), Mikroorganismenkulturen (z.B. Jogurt) und Extrakten (z.B. Hefeextrakt).

Zudem muss dem Verbraucher das Thema Gentechnik näher gebracht und verständlich gemacht werden. Denn dieser Wissenschaftsbereich wird von Seiten der Verbraucher viel schlechter beurteilt, als es tatsächlich sinnvoll ist. Wie bei allen wissenschaftlichen Disziplinen muss deren Einsatz kontrolliert und besonnen erfolgen, um Risiken vorzubeugen.

Am Ende sollte der Verbraucher alle nötigen Informationen gestellt bekommen, um selber über den Kauf eines Produkts mit oder ohne Gentechnik zu entscheiden.

---

[59] WILLERS, C., 2009, Wer schweigt, verliert: Die Grüne Gentechnik führt zu neuen kommunikationspolitischen Herausforderungen, „3.2.1 Wahrnehmung" S. 133;

Literaturverzeichnis

Bücher / Zeitschriften

LINDNER, M., 5., überarbeitete Auflage, Bonn, aid infodienst Gentechnik im Einkaufskorb, 2008 , S. 11;

ANONYM [1], Gen-ethischer Informationsdienst (GID), Ausgabe 43, Ein Riesenkarpfen für die chinesische Reistafel, 1989, April 89, S. 9;

ANONYM [2], Verbraucherzentrale, 66. Auflage, Verbraucherzentrale Hamburg e.V., Hamburg, Was bedeuten die E-Nummern wirklich?, 2011, "E 150d", S. 23;

ANONYM [3], Bundesministerium für Ernährung und Landwirtschaft, Einkaufs- und Ernährungsverhalten in Deutschland, TNS-Ermid-Umfrage des BMEL, 17.01.2014, Frage 9: Hohe Erwartungen an die Landwirtschaft. S. 6-10;

BRONOWSKI, D.; REICK, K., Seminarfacharbeit Gentechnik und Lebensmittel; Juni 2000;

IDEL, A., 1. Auflage, Echo Verlag, Göttingen, Stichwort "Allgemeines Biotechnologie", 1991, S. 9;

JANY, Prof. K.-D., Jahr unbekannt, Wissenschaftskreis Grüne Gentechnik e.V., Frankfurt (M), Gentechnik im Agrar- und Lebensmittelbereich Stand und Perspektiven – Ein Beitrag zur nachhaltigen Produktion von Lebensmittel, S. 2-27;

LANG, S. S., Cornell University, Organic farms produce same yields as conventional farms, 13.06.2005;

MARYANSKY, J., Die Welt, Der Siegeszug der Grünen Gentechnik in Nordamerika, 08.03.2005;

TÖWE S., Listen, Greenpeace, Hamburg, Gen-Alarm bei Süßigkeiten & Softdrinks, Gen-Alarm bei Asia- & US-Produkten, Döner und Co., Gen-Alarm bei Speiseölen, 2010 bis 2014;

WILLERS, C., Wer schweigt, verliert: Die Grüne Gentechnik führt zu neuen kommunikationspolitischen Herausforderungen, 2009, Stichwort „3.2.1 Wahrnehmung“ S. 133;

ZARZER B., 1. Auflage, Heise Zeitschriften Verlag GmbH & Co. KG, Hannover, Einfach Genial Die Grüne Gentechnik, 2006, S.5 ff., S.40-59;

Internetseiten

ACTIVISTPOST,
http://www.activistpost.com/2014/04/10-scientific-studies-proving-gmos-can.html;
gesehen am 22.09.2013

BIONETONLINE,
Was ist ein gentechnisch verändertes Lebensmittel?, 2002,
http://www.bionetonline.org/deutsch/content/ff_cont1.htm;
gesehen am 23.03.2014

BIOSICHERHEIT,
http://www.biosicherheit.de/lexikon/734.markergen.html;
gesehen am 20.08.2014

BIOTECHNOLOGIE,
Bundesministerium für Bildung und Forschung, 2013, Biotechnologie,
http://www.biotechnologie.de/BIO/Navigation/DE/Hintergrund/basiswissen.html;
gesehen am 13.11.2013

BIOTECHNOLOGIE,

Biotechnologie in China, Rechtliche Grundlagen, Grüne Gentechnik, 2014,
http://www.biotechnologie.de/BIO/Navigation/DE/Hintergrund/laender-im-fokus,did=122568.html;
gesehen am 28.04.2014

BIOTECHNOLOGIE,
Biotechnologie in Kanada, Rechtliche Grundlagen, 2014;
http://www.biotechnologie.de/BIO/Navigation/DE/Hintergrund/laender-im-fokus,did=65908.html?listBlId=74632&sortSelect=AscendingTitle&searchActionPage2=searchActionPage2;
gesehen am 28.04.2014

BLL,
Bund für Lebensmittelrecht und Lebensmittelkunde e.V. Gentechnik und Lebensmittel – rechtliche Vorgaben zur Kennzeichnung,
http://www.bll.de/download/themen/gentechnik/flyer-gentechnik-und-lebensmittel/(PDF);
gesehen am 04.01.2014

BMEL,
Bundesministerium für Ernährung und Landwirtschaft, Hintergrundinformationen zur „Ohne-Gentechnik“-Kennzeichnung,
http://www.bmel.de/DE/Ernaehrung/Kennzeichnung/Produktsiegel_logos/_Texte/OhneGentechnikKennzeichnungHG_Informationen.html;jsessionid=8C5781FC697839D785949876CCA4EBBA.2_cid288;
gesehen am 22.01.2014

GEN,
Gen-ethisches Netzwerk, Kurz notiert – Landwirtschaft und Lebensmittel, Indien: Lebensmittel-Kennzeichnung,
http://www.gen-ethisches-netzwerk.de/gid/213/kurz-notiert-landwirtschaft-und-lebensmittel;
gesehen am 28.04.2014

GREENPEACE,
Gentechnik im Essen: Wo steckt was drin?,
http://www.ndr.de/ratgeber/verbraucher/Gentechnik-im-Essen-Wo-steckt-was-drin,gentechnik171.html;
gesehen am 16.02.2014

GREENPEACE,
Gen-Alarm: Liste gekennzeichneter Lebensmittel,
http://www.greenpeace.de/themen/gentechnik/gen-alarm-liste-gekennzeichneter-lebensmittel-0;
gesehen am 14.05.2014

HAEUSLING,
http://www.martin-haeusling.eu/presse-medien/pressemitteilungen/542-eu-parlament-gegen-gvo-kennzeichnungspflicht-bei-honig.html;
gesehen am 20.08.2014

HOANG T.,
Grüne Gentechnik - Eine Chance oder Gefahr für die Menschheit und ihre Umwelt?,
19.03.2013, http://www.zds-bonn.de/images/fachundsachinfo/gvo_fnl_greenfacts.gif; gesehen am 06.01.2014

KEINE GENTECHNIK,
Informationsdienst Gentechnik, Gentechnik Statistiken,
http://www.keine-gentechnik.de/dossiers/anbaustatistiken.html#c22837;
gesehen am 27.04.2014

NCBI,
http://www.ncbi.nlm.nih.gov/pubmed/23756170;
gesehen am 22.09.2013

OHNEGENTECHNIK,

Verband Lebensmittel ohne Gentechnik, Das EG-Gentechnik-Durchführungsgesetz, http://www.ohnegentechnik.org/ohne-gentechnik/rechtliche-grundlagen.html; gesehen am 24.04.2014

PLOSNE,
http://www.plosone.org/article/info%3Adoi%2F10.1371%2Fjournal.pone.0069805; gesehen am 22.09.2013

TRANSGEN,
Grafik, Lebensmittelsortiment und Kennzeichnung, 27.05.2013, http://www.transgen.de/recht/kennzeichnung/114.doku.html; gesehen am 02.07.2013

TRANSGEN,
Kompakt 2: Gentechnisch veränderte Lebensmittel: Kennzeichnung, März 2014, http://www.transgen.de/pdf/kompakt/kennzeichnung.pdf; S. 3; gesehen am 27.03.2014

TRANSGEN,
Transparenz Gentechnik, Gentechnisch veränderte Lebens- und Futtermittel: die europäischen Rechtsvorschriften, 31.05.2012, http://www.transgen.de/recht/gesetze/273.doku.html; gesehen am 25.06.2013

TRANSGEN,
Transparenz Gentechnik, Keine Kennzeichnung-die Ausnahmen, 27.05.2013, http://www.transgen.de/recht/kennzeichnung/285.doku.html; gesehen am 12.02.2014

TRANSGEN,
Vermont führt als erster US-Bundesstaat Gentechnik-Kennzeichnung ein – Umsetzung fraglich, 12.05.2014, www.transgen.de/aktuell/1782.doku.html; gesehen am 14.05.2014

TRANSGEN,
Warum es so wenig Produkte mit Kennzeichnung gibt, 27.05.2013,
http://www.transgen.de/recht/kennzeichnung/114.doku.html;
gesehen am 02.07.2013

TRANSGEN,
Zulassung, http://www.transgen.de/zulassung/gvo/;
gesehen am 16.02.2014

UMWELTINSTITUT,
Umweltinstitut München e.V., Transgene Fische: Nicht Fisch, nicht Fleisch,
http://umweltinstitut.org/gentechnik/manipulation-an-tieren/transgene-fische-nicht-fisch-nicht-fleisch-199.html;
gesehen am 02.04.2014

UMWELT NRW,
Ministerium für Klimaschutz, Umwelt, Landwirtschaft, Natur- und Verbraucherschutz des Landes Nordrhein-Westfalen, Bio- und Gentechnologie,
https://www.umwelt.nrw.de/umwelt/bio_gentechnik/index.php;
gesehen am 20.11.2013

UNI-KIEL,
Alversleben, R. Verbraucherakzeptanz von genetisch veränderten Lebensmitteln, 1999,
http://www.uni-kiel.de/agrarmarketing/Lehrstuhl/hst99.pdf;
gesehen am 28.05.2014

WEINGECHICHTE,
Blogger, 2012, Geschichte des Weinbaus,
http://weingeschichte.blogspot.de/p/weinbau-in-deutschland.html;
gesehen am 13.11.2013

WIKIPEDIA,

Genetisch verändertes Lebensmittel,
http://de.wikipedia.org/wiki/Gentechnisch_ver%C3%A4ndertes_Lebensmittel;
gesehen am 23.03.2014

ZEIT ONLINE,
Gentechnik in den USA, Die Gen Nation 17.02.2014,
http://www.zeit.de/wirtschaft/2014-02/gentechnik-usa-kennzeichnung-lebensmittel;
gesehen am 25.04.2014